KB265351

미스터리
Mystery Science
사이언스

파퓰러사이언스 편저

YANGMOON

불가사의한 일들을
검증하는 것은 과학의 중요한 역할

오늘날 과학은 사회 전반의 변혁과 진보를 이끄는 핵심 동력이다. 그리고 그 가장 큰 임무는 인류가 직면한 회의론, 말하자면 좀처럼 풀리지 않는 다양한 난제들에 대해 해결의 실마리를 제공하는 데 있다. 이런 점에서 본다면 분명히 실재하거나, 혹은 실재하지만 그 존재가 객관적으로 검증되지 않은 기묘한 일들을 명쾌하게 설명해내는 일도 과학의 중요한 역할로 볼 수 있을 것이다.

화성 탐사를 준비하고 유전자를 마음대로 조작할 만큼 인류의 과학기술은 눈부신 발전을 이룩했다. 그럼에도 이 광대한 세상에는 여전히 과학이 풀어내지 못한 현상들이 존재한다. 우리는 그것을 미스터리라 부른다. 다른 말로 현 인류의 지식과 논리로 설명되지 않는 '미확인 과학'인 셈이다. 흔하디흔한 UFO와 귀신에서부터 지구 종말, 외계인 납치, 데자뷰, 도플갱어, 예지몽 등이 모두 여기에 속한다.

그렇다면 이 현상들도 언젠가는 과학이 될 수 있을까. 귀신의 실체가 무엇인지, 외계생명체는 정말 존재하는지, 데자뷰 현상은 왜 일어나는 것인지 등 일상을 살며 우리가 궁금해 했던 여러 가지 일들이 과학의 합리적인 근거에 의해 속 시원히 증명되는 날이 올까. 곰곰이 한번 생각해 보자. 과거 불길한 재앙으로만 믿었던 일식이나 월식, 번개와 천둥, 도깨비불 같은 현상들에 대해 말이다. 이들은 한때 단지 미신 혹은 초자연적인 현상으로 여겨졌지만 지금은 어떤 반론의 여지도 없이 과학의 범주 속에 안착해 있다. 도깨비불을 귀신의 장난으로 믿는 사람은 이제 더이상 없다. 이런 점에서 볼 때, 지금은 비과학적이고 신비주의적 현상으로 간주되는 많은 사건들도 언젠가 그 베일이 벗겨질 수 있을 것이다. 아무리 난해한 미스터리 영화도 마지막 장면에는 여지없이 범인의 실체가 밝혀지고 마는 것처럼.

다행히 오늘날의 성실한 과학자들은 여러 신비한 현상들을 단순히 미스터리나 음모, 착각으로 치부하며 방치하지 않는다. 진실을 밝혀내기 위한 과학계의 노력은 지금 이 순간에도 끊임없이 이어지고 있으며 한걸음씩 실체를 향해 다가서고 있다. 과학의 가능성은 무한하다. 인류의 오랜 역사가 증명하듯 다각적인 이론과 검증이 진행되면서 언젠가 진실의 문은 활짝 열릴 것이다. 물론 그 순간이 도래하기 전까지 미스터리는 그저 과학의 한계를 상징하는 명제로 남아 있을 테지만 말이다.

이 책은 지난 몇 년간《파퓰러사이언스》의 인기 연재물 '미스터리 과학의 세계'에 게재된 기사들을 묶은 것이다. 이 안에는 세간에 떠도는 여러 '설'들에서부터 세계 각지의 괴짜 과학자들의 연구 논문에 이르기까지 하나의 미스터리한 주제를 놓고 신비주의자, 음모론자, 과학자들의 진실공방이 흥미롭게 펼쳐진다. 이를 읽고 있노라면 우리의 머릿속 틀에 박힌 과학의 영역이 무한대로 확장돼 가는 신비한(?) 경험을 할 수 있을 것이다. 오랫동안 각종 미스터리 소재를 취재·수집·정리하면서《파퓰러사이언스》편집부 역시 좀처럼 풀리지 않는 이 같은 수수께끼가 어쩌면 과학을 더욱 매력적인 학문으로 만드는 요소가 된다는 사실을 깨달았다. 늘 접하는 익숙한 사건이나 물건보다 한 번도 경험하지 못한 낯선 것, 그리고 저 하늘 끝 어딘가 펼쳐진 광활한 우주와 같은 미지의 세계에 우리가 더욱 이끌리는 것과 같은 맥락일 것이다.

이 책을 읽는 독자들도 미스터리한 이야기들의 매력에 흠뻑 빠질 수 있기를 바란다. 아울러 이를 계기로 과학이라는 학문에 한 걸음 더 가까이 다가가 깊이 소통할 수 있기를 희망한다.

2011년 8월 25일

contents

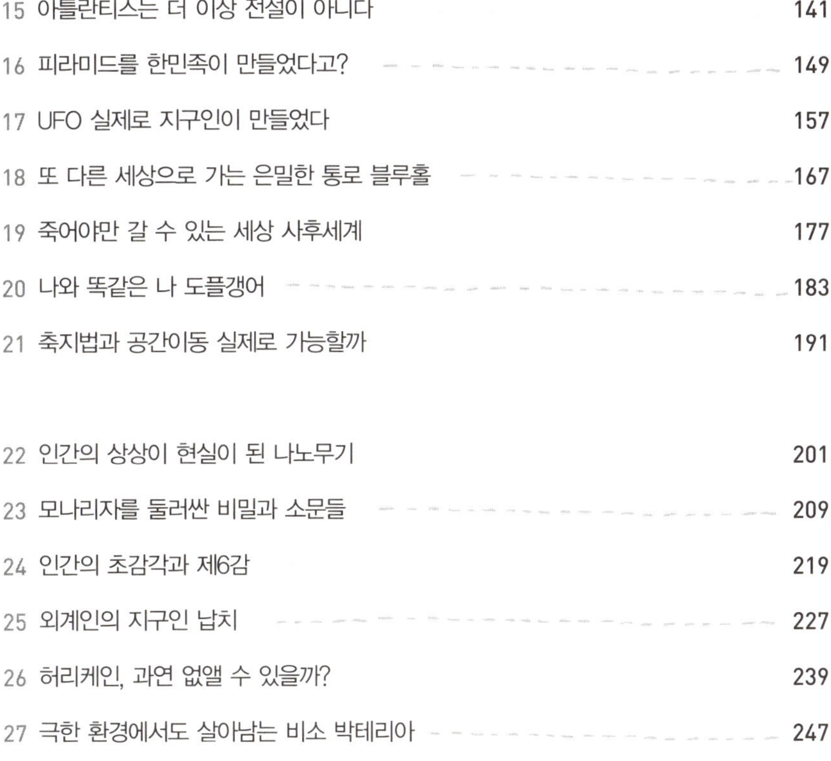

세계의 기후를 마음대로 조종하는 하프

인류가 기후를 자유자재로 바꿀 수 있다면 어떻게 될까? 자연재해가 없는 평화로운 세상 풍경을 떠올릴 수도 있지만 만약 무기로 사용된다면 핵무기와는 또 다른 엄청난 파괴를 낳을 수 있다. 공상과학 영화나 만화적 상상으로 치부되기 쉽지만 음모론자들은 이미 이 같은 무기가 연구되거나 존재하고 있다고 믿는다. 그들이 기후조종 무기로 지목하고 있는 것은 바로 미국 알래스카 가코나에 설치되어 있는 하프HAARP: High Frequency Active Auroral Research Program라는 시설이다. 공식적으로 하프는 전리층 관측을 통해 날씨를 예측하거나 전자기파를 이용해 지구 내부를 단층 촬영할 수 있는 탐사장비로 알려져 있다.

하프는 공식 홈페이지www.haarp.alaska.edu에 전리층에 대한 연구를 수행하는 시설로 명시되어 있지만 연구시설에 대한 자세한 정보는 거의 없다. 음모론자들에 의하면 하프는 강력한 전자기파나 입자빔을 쏘아 적의 항공기나 잠수함 등 전자장비를 교란시켜 파괴할 수 있다. 또한 강력한 전자기막을 만들어 적의 미사일 공격이나 포탄, 전투기를 튕겨낼 수도 있다. 특히 이들은 하프가 지진을 일으키거나 쓰나미와 같은 대규모 폭풍을 일으키는 기후조종 무기라고 주장한다.

베일에 싸여 있는 하프

하프는 외관상 별다른 특이점이 보이지 않는다. 알래스카 가코나 지역에는 316.99미터×390.14미터 규모의 넓은 공간에 가로 12줄, 세로 15줄로 180개의 안테나 군群이 설치되어 있다. 각각의 안테나는 높이 21.9미터의 수직기둥 상단부에 남북 방향과 동서 방향의 십자형으로 갈라진 다이폴 안테나를 달고 있다. 현재 하프는 매사추세츠 주 한스콤 공군기지에 소재한 필립스연구소, 워싱턴에 있는 해군연구청과 해군연구소가 공동으로 운영하고 있고, 미국 국방성에서 자금을 지원하고 있는 것으로 알려져 있다.

316.99미터×390.14미터 공간에 가로 12줄, 세로 15줄로 180개의 안테나 군(群)이 설치되어 있는 알래스카 가코나 지역의 하프(HAARP) 기지.

음모론자들이 하프를 기후조종 무기로 지목하는 근거는 이 시설을 처음 세운 과학자이자 이 기술에 대한 특허를 보유한 버나드 이스트런드Bernard Eastlund 박사가 특별한 이유도 없이 밀려난 이후부터 시설 확충과 필요 이상의 고高 에너지 실험을 수행하고 있다는 점이다. 또한 비운의 천재과학자 니콜라 테슬라Nikola Tesla가 수행했던 연구와 유사한 실험을 수행하고 있다는 것도 그 이유다. 테슬라의 연구 중 고전압의 전기를 지구 전리층을 향해 쏘아올리면 강력한 전류 방패막이 형성되어 적의 미사일이나 전투기의 공격을 막아낼 수 있다는 것이다.

세상의 관심을 받지 못하고 빈곤 속에 살던 테슬라가 가족도 없이 사망한 직후 정체불명의 정부 요원들이 테슬라의 연구노트를 모두 수거해 간 것으로 알려져 있다. 그렇기 때문에 테슬라가 실현 가능하다고 주장했던 전류 방패막 이론과 전리층에 고전압을 발사시켜 핵폭발에 버금가는 폭발을 특정지역에 일으킬 수 있다는 미스터리한 연구들이 하프를 통해 수행되고 발전된 것 아니냐는 가설을 가능하게 한다.

현재까지 알려진 하프는 1990년 이스트런드 박사가 특정의 전파를 전리층에 발사한 뒤 여기에서 반사되는 효과를 이용해 지구의 지하 등 광범위한 지역을 탐사할 수 있다는 이론으로 설립되었다. 설립 당시에는 전리층 효과를 이용해 지구표면과 지하 곳곳을 탐색해서 석유와 천연가스를 찾아내기 위한 시설로 여겨졌다. 하지만

크로아티아 태생의 전기공학자이자 발명가인 니콜라 테슬라(1856~1943)는 과학문명을 100년이나 앞당긴 천재과학자로 최초의 교류유도전동기와 테슬라 변압기 등을 만들었다. 자기력선속밀도의 단위인 테슬라는 그의 이름에서 딴 것이다.

미국 정부가 이 연구시설에 관심을 갖기 시작한 후, 이스트런드 박사는 이 시설로부터 배제되었다.

쓰나미는 하프의 실험 결과

음모론자들은 하프가 단순히 전리층에 대한 연구를 수행하는 시설이 아니라고 주장하고 있다. 하프에서 고주파를 지구 전리층에 쏘아올리면 전리층이 일시적으로 밀려 올라가거나 소멸되어 지구 환경에 큰 변화가 발생하고, 대기층의 기후 변화뿐만 아니라 지각에도 영향을 미쳐 지진이 발생할 수 있다. 이는 전리층이 지상 60~80킬로미터 높이의 D층을 시작으로 고도에 따라 E층(100킬로미터 상공), Es층(100~120킬로미터 상공), 그리고 F층(200~400킬로미터 상공)까지 존재하며, 각 층마다 특정 대역의 전파는 지구로 반사시키는 반면 다른 대역의 전파는 통과시키는 구조를 갖고 있기 때문이다.

이 고주파의 방향을 지구 전리층이 아니라 바닷속 해저로 바꾸면 해저지진이나 일종의 수중 폭발이 일어나 거대한 쓰나미를 발생시킬 수 있다. 음모론자들은 이 같은 주장의 근거로 2004년 12월 동남아시아를 강타한 규모 9.8의 해저지진에 의한 쓰나미를 꼽고 있다. 약 30만 명의 사상자가 발생한 이 거대한 쓰나미가 동남아시아를 강타했을 때 미국의 인도양 해군기지인 디에고 가르시아는 진앙지에 가까웠음에도 거의 피해가 없었다. 또한 약 4000명의 미군과 그 가족 등은 쓰나미 경보가 발령되기 전에 이미 대피하여 최소한의 인명피해도 없었다. 음모론자들은 이 같은 사실을 토대로 미국이 하프를 이용한 모종의 실험을 수행했으며, 그 결과 거대한 쓰나미가 발생할 것을 사전에 인지하여 일찌감치 미군기지의 병력을 대피시켰다고 주장하고 있다. 음모론자들의 주장을 종합해

보면 하프가 저주파를 이용해 지구 내부를 단층 촬영하듯 탐사하는 실험을 수행하고 있었고, 이것이 지구 자기장 등에 영향을 미쳐서 예상치 못한 지진이 발생했다는 것이다.

하프를 처음 세운 이스트런드 박사는 하프 프로젝트에서 배제된 후 한 언론과의 인터뷰에서 "미국은 이미 오래전부터 지구의 기후를 조종하고 있다."고 주장했다. 이스트런드 박사는 지구 곳곳의 유전 발견을 위한 무선 단층촬영 탐사를 할 경우 30와트 출력의 전파를 사용하는 것만으로도 충분한데 미국 정부는 하프에서 2억 와트에 달하는 엄청난 고출력의 실험을 수행했다는 것이다. 이처럼 막대한 출력은 탐사 수준을 넘어 지구 전리층을 들어올리고, 결과적으로 지구 기후를 뒤흔들어 놓을 수 있는 수준이라는 것이다.

하프와 스타워즈 계획

하프가 1983년 미국 레이건 대통령에 의해 비밀리에 추진되었던 스타워즈 계획Strategic Defense Initiative과 밀접한 관련이 있다는 주장도 있다. 여기에 적의 위성이나 대륙간탄도미사일을 레이저와 전파 등으로 파괴한다는 계획이 포함되어 있는데, 대륙간탄도미사일이 발사 국가의 영토를 벗어나기 전에 레이저로 직접 파괴하거나 강력한 전파교란을 통해 그 국가의 영토 내에 떨어뜨린다는 것으로 알려져 있다. 즉 하프에서 강력한 전파나 전자빔을 지구궤도의 인공위성으로 쏘아올리고, 인공위성이 이를 반사시켜 특정 목표지역에 쏟아붓는다는 것이다.

음모론자들은 미국이 이 같은 실험을 이미 수행했으며, 하프를 이용한 실험 중 미 해군의 과학자들이 목표지점의 전파교란뿐만 아니라 급격한 이상기후가 발생한다는 것을 알게 되었다고 지적한다. 실제로 하프 실험 중 알래스카 앞바다의 해저에 지진이 발생해 인근 마을에 해일이 덮쳤고, 갑작스런 먹구름과 강력한 회오리바람이 생성되어 인근에서 조업하던 어선들이 침몰하는 사고가 발생했다는 주장도 있다.

이처럼 음모론자들은 스타워즈 계획과 관련된 일련의 하프 실험 중 기후를 조종하는 예상 밖의 현상에 직면했으며, 이때부터 미국 정부가 막대한 자금을 투입해 하프를 기후조종 무기로 개발하는 연구를 진행하고 있다고 주장한다. 특히 미 공군 산하 조직이 1996년 6월 미 공군참모총장 앞으로 올린 기안문인 에어포스 2025Air Force 2025는 '2025년 기후를 소유하다: 획기적 군사력 수단으로서의 기후'라는 제목을 달고 있었다. 기후의 무기화 또는 조종 가능성을 언급한 기안문서이지만 음모론자들은 이를 하프와 연관시켜 해석하고 있다. 즉 일련의 하프 실험을 통해 예상치 못했던 기후조종 현상을 습득했으며, 현재 이 기술을 보다 정교하게 다듬고 있다는 것이 그들의 주장이다. 그러한 과정에서 예상치 못한 이상기후가 발생해 지구 곳곳을 강타하고 있다는 것이다.

미국이 교토의정서를 승인하지 않는 이유

1910년경 실시된 테슬라의 전류 방패막 실험을 감안하면, 하프는 강력한 전파를 이용해 적의 미사일이나 전투기의 전자 장비를 교란시키거나 튕겨내는 무기로 의심받을 소지가 크다. 또한 하프를 이용하면 지구 각지의 해저 탐사 및 심해 속의 적 잠수함을 찾아내는 것이 가능하다. 특히 적 잠수함이 있는 특정지역에 강력한 전자빔을 쏘아보냄으로써 잠수함의 전자 장비를 교란시키고, 무용지물로 만들어버리는 것이 가능하다는 분석도 있다. 이렇게 강력한 전자빔을 깊은 바다에 집중시킬 경우 강력한 수중폭발 같은 현상이 발생하고, 이것이 해저 지진 같은 쓰나미를 발생시킬 수도 있다는 것이다.

미국이 교토의정서를 승인하지 않고 있는 것도 이러한 연장선상에서 의심받고 있다. 교토기후협약은 표면적으로는 이산화탄소 등 유해물질 배출을 억제한다는 내용이지만 군사적인 목적 등으로 인위적인 기상변화를 일으키지 않는다는 내용이 포함되어 있기 때문이다.

하프가 음모론자들의 주장처럼 기후 조종이 가능한 무기인지, 또는 미국 정부의 해명처럼 단순히 지구 전리층을 관측하고 지각 밑의 유전과 가스전을 찾아내는 지구단층 탐사장비인지 현재로서는 알 수 없다. 하지만 지구 각지에서는 기상학적으로 설명하기 어려운 급격한 이상기후가 발생하고 있다. 또한 관측 및 탐사 시설만으로 보기에는 하프가 지나치게 베일 속에 가려져 있다. 특히 하프의 안테나 군이 앞으로 360개로 늘어나고 출력도 더욱 증가될 것으로 알려져 음모론자들의 주장을 가볍게 지나치기 어렵게 하고 있다.

교토의정서

1997년 12월 일본 교토의 국립교토국제회관에서 개최된 기후변화협약 제3차 당사국 총회에서 채택된 온실가스 배출량에 관한 국가 간 합의서로, 정식명칭은 '기후변화에 관한 국제연합 규약의 교토의정서(Kyoto Protocol to the United Nations Framework Convention on Climate Change)'다. 이산화탄소 최대 배출국인 미국이 자국 산업 보호를 위해 반대하다 2001년 탈퇴를 선언한 후 러시아가 2004년 11월 교토의정서를 비준함으로써 55개국 이상 서명해야 한다는 발효요건이 충족되어 2005년 2월 16일부터 발효되었다. 교토의정서는 미국, 일본, 유럽연합(EU) 등 선진국들이 2008~2012년 사이에 1990년 대비 평균 5.2%를 감축하는 것을 목표로 한다. 또한 감축목표의 효율적 이행을 위해 감축의무가 있는 선진국들이 서로의 배출량을 사고 팔 수 있도록 하거나, 다른 나라에서 달성한 온실가스 감축실적도 해당국 실적으로 인정해주는 다양한 방법을 인정하고 있다. 2002년 비준한 한국은 1997년 당시 기후변화 협약상 개발도상국으로 분류되어 온실가스 배출감소의무가 유예되었지만, 오는 2013년부터는 배출 규제가 불가피할 것으로 보여 대책 마련이 시급한 실정이다. 한국은 세계 9위의 온실가스 배출국이다.

이대로 가면
암컷만 살아남는다

그리스 철학자 플라톤은 《소크라테스의 변명》에서 남성과 여성은 원래 하나로 합쳐져 있었으며, 각각 네 개의 팔다리를 통해 신神과 대결할 만큼 힘을 가졌었다고 인간을 묘사했다. 하지만 신에 대한 도전으로 노여움을 사 현재와 같이 두 개의 팔과 두 개의 다리를 가진 남성과 여성으로 분리되었다는 것이다.

그렇다면 진화론에서는 인간을 어떻게 설명하고 있을까. 진화론에서는 단세포동물 같은 하등동물이 고등동물로 진화하는 과정에서 수컷과 암컷이 분리되었다고 한다. 그리스 신화에 따른다면 수컷과 암컷이 한 몸을 이루는 자웅동체 또는 하나의 성性만 남는 것은 인간 힘의 회복을 의미한다. 이를 진화론적 시각으로 보면 진화의 역행이며 퇴화인 셈이다.

현재 지구 생태계는 인간이 만들어낸 10만 가지의 각종 화학물질과 이로 인해 발생하는 환경오염으로 어류, 양서류, 파충류, 조류 등 대부분의 생물종에 걸쳐 암컷으로의 진화가 이뤄지고 있다. 이 같은 현상은 인간을 포함한 포유류에서도 빈번하게 발견되고 있다. 과연 진화의 수레바퀴가 선택한 미래의 생존자는 암컷뿐일까.

암컷으로의 급격한 진화

진화론은 자연적으로 발생된 생명체가 진화를 거듭해 현재의 인류가 되었다는 것으로 요약된다. 이 가설을 담아 1859년 출간한 찰스 다윈Charls Darwin의 《종의 기원On the Origin of Species》은 신이 생명체를 창조했다는 기존의 창조론을 뒤집으며 현대과학의 새로운 지평을 열었다.

진화론은 지금도 종교계를 비롯해 창조론을 지지하는 과학자들로부터 공격을 받고 있지만 신학으로부터 과학을 분리해내고, 현대과학을 일궈낸 기반이 되었다. 그런데 최근 들어 지구 생태계는 첫 생명체가 탄생한 이래 가장 빠른 속도의 진화가 이뤄지고 있다. 지구 생명체는 단세포동물에서 다세포동물 등 각 단계별로 폭발적인 진화를 거듭했다는 것이 진화론을 토대로 한 과학계의 정설이다. 하지만 최근 나타나고 있는 것만큼 빠른 속도의 진화가 이뤄진 적은 단 한 번도 없었다.

최근 생물종의 진화는 무척추동물에서 척추동물에 이르기까지, 그리고 어류, 양서류, 파충류, 조류는 물론 인간을 포함한 포유류까지 폭넓고 급속하게 일어나고

1859년 출간된 《종의 기원》으로 생물진화론의 새로운 장을 연 영국의 박물학자 찰스 다윈(1809~1882). 자연선택을 통한 진화론을 제시한 《종의 기원》은 출간 당시 종교적인 믿음과 배치된다는 이유로 격렬한 논쟁을 불러일으켰다.

있다. 바로 수컷의 암컷화ferminization인데, 암컷화란 환경오염에 취약한 수컷이 내분비 호르몬 계통에 이상을 일으키면서 암컷으로 진화하는 것을 말한다.

　진화론자의 입장에서 보면 최근 이뤄지고 있는 급격한 암컷화는 진화론을 입증하는 실질적 사례가 될 수도 있다. 하지만 이 같은 암컷화가 자연의 틀에서 이뤄지는 것이 아니라 인간이 만들어낸 각종 화학물질에 의해 이뤄지고 있다는 점에서 우려의 목소리가 제기되고 있다. 만일 암컷화가 가속화된다면 먼 미래에는 암컷만이 존재하고, 수컷은 번식을 목적으로 한 최소한의 숫자만 사육될지도 모른다. 보다 극단적으로 보면 자웅동체의 암컷이 번식을 담당하거나 암컷만으로도 번식이 이뤄지는 처녀생식으로까지 진화가 이어질 개연성이 있다. 더 이상 수컷은 존재하지 않을 수도 있다는 얘기다. 암컷화는 수컷의 멸종을 유발하는 전주곡일지도 모른다.

암컷화를 유발하는 환경오염

생물종, 특히 인간의 암컷화를 유발하는 가장 큰 요인은 바로 환경오염이다. 현재 인간은 10만 가지의 각종 화학물질을 만들어 사용하고 있지만, 그중 85퍼센트에 대한 위해성 여부는 확인되지 않은 상태다. 10만 가지의 화학물질 중 99퍼센트는 아무런 단속규정 없이 사용

환경호르몬의 영향으로 무척추동물에서 척추동물에 이르기까지, 그리고 어류, 양서류, 파충류, 조류는 물론 인간을 포함한 포유류까지 수컷이 내분비 호르몬 계통에 이상을 일으키면서 정자 수 감소나 왜소음경 현상 등 수컷의 암컷화가 진행되고 있다.

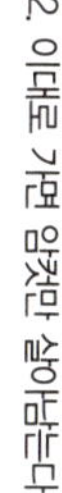

되고 있으며, 이는 바다 또는 토양으로 흘러들어가 동물의 체내에 쌓이고 있다. 암컷화는 이들 화학물질 가운데 폴리염화비페닐, 프탈레이트 같은 환경호르몬이 동물의 체내에서 암컷 호르몬인 에스트로겐과 유사한 반응을 일으키기 때문에 발생한다.

폴리염화비페닐은 염소와 비페닐을 반응시켜 만드는 유기화합물로 물에는 녹지 않지만 기름이나 유기용매에는 녹는다. 절연성이나 열의 보존성이 높아 변압기, 자동차 자동변속기의 전기절연체, 테이프, 도료, 인쇄잉크 등에 쓰인다. 1930년대와 1940년대를 거치며 공업용으로 널리 사용되었지만 1970년대 중반 이후 생명체에 해롭다는 사실이 밝혀지면서 생산과 이용이 제한되고 있다. 프탈레이트는 산업용 화학물질로 1930년대 이후 많은 플라스틱류의 가소제로 사용되고 있으며, 유아용 조유milk formula, 치즈, 마가린, 스낵용 과자 등에서도 발견되고 있다. 이들 환경호르몬은 암컷 호르몬인 에스트로겐은 비정상적으로 활성화시키는 반면 수컷 호르몬인 안드로겐은 억제시킨다. 이 때문에 환경호르몬에 노출된 동물은 체내에서 암컷 호르몬 과잉상태가 되고, 결과적으로 암컷화가 이뤄지는 것이다. 이는 성 정체성 문제로 인위적인 성전환 수술을 하는 트랜스젠더의 경우와 유사하다. 남성이 여성으로 성을 전환할 때 생식기를 제거하는 것뿐만 아니라 지속적으로 여성 호르몬을 투여해 여성화를 유지하는 것과 같다.

생물종의 암컷화는 광범위하게 이뤄지고 있다. 합성 에스트로겐이 주요 성분인 피임약이 버려진 물에 노출된 바퀴벌레 수컷이 완전한 암컷으로 성전환된 사례가 보고되기도 했다. 또한 식품 포장지를 비롯해 청소용품, 플라스틱, 페인트 등에서 나오는 화학물질이 생식기 기형이나 정자 숫자를 감소시킨다는 보고도 있다. 물론 이는 암컷이 태생적

으로 환경호르몬 같은 오염물질에 강하다는 의미이기도 하며, 진화론적
인 시각에서도 정상적인 흐름이라는 주장이 있다. 다윈은《종의 기원》에
서 "생태계에서 살아남는 종은 생존력이 강하거나 똑똑한 종이 아니라
단지 변화에 잘 적응하는 종"이라고 말한 바 있다. 즉 진화론으로 보면
인간이 만들어놓은 환경호르몬에 대해 암컷이 보다 잘 적응하는 종이
고, 이 때문에 수컷이 암컷으로 진화하는 것은 이론적으로 무리가 없다
는 것이다.

비정상적 수치의 난황단백질

환경호르몬으로 인한 수컷의 암컷화는 이미 수십 년 전부터 발견되었다.
대부분 무척추동물이나 하등동물에서 발견되었으며, 자웅동체 또는 수
컷의 생식능력 퇴화 등의 형태로 나타났다. 하지만 영국의 비정부 환경
단체인 켐 트러스트CHEM Trust가 환경호르몬 및 암컷화와 관련된 250여
편의 연구논문을 분석한 결과 이 같은 비정상적인 진화가 척추동물로 확
산되고 있으며, 특히 포유류에서도 나타나고 있는 것으로 밝혀졌다. 어
류, 양서류, 파충류, 조류뿐만 아니라 포유류에서도 난황단백질vitellogenin
이 발견되고 있는 것이다. 난황단백질은 암컷의 간에서 생성되는 것으로
암컷 호르몬인 에스트로겐이 체내
에서 활발히 작용한 결과물이다.
그렇기 때문에 수컷의 체내에서
비정상적인 수치의 난황단백질이
발견되었다는 것은 이미 상당한
수준으로 암컷화가 진행되었다는
의미이기도 하다.

⭐ 에스트로겐 Estrogen

동물의 난소 안에 있는 여포와 황체에서 주로 분비
되고 태반에서도 분비되기 때문에 여성 호르몬으로
알려져 있으며, 난포 호르몬이라고도 한다. 여성의
제2차 성징, 월경주기, 수정, 임신 등에 관여하는 에
스트로겐은 크게 에스트라디올, 에스트리올, 에스트
론 세 종류가 있다. 이 호르몬을 의학적으로도 사용
하고 있다.

현재 영국 저지대 연안에서 잡히는 넙치와 북해의 대구 등 어류의 수컷에서 난황단백질이 발견된 것을 비롯해 미국 플로리다의 케인 두꺼비 등 양서류, 그리고 미국 5대호 연안의 거북이 등 파충류에서도 난황단백질이 발견됐다. 또한 스페인에 서식하는 송골매 등 조류에서도 난황단백질이 발견됐다. 영국 저지대에서 잡힌 수컷 넙치의 경우 이미 생식기 안에 알을 품고 있는 성교란 현상이 나타났으며, 플로리다의 케인 두꺼비는 2008년 약 40퍼센트가 자웅동체 현상을 보였다. 문제의 심각성은 이 같은 암컷화가 인간이 포함된 포유류에까지 급격히 확산되고 있다는 것이다.

포유류의 왜소음경 현상

영국에서 발견된 수달과 설치류의 경우 생식기 크기가 비정상적으로 작아지는 왜소음경 현상이 빈번하게 나타나고 있으며, 북해의 물개와 바다사자는 임신 실패율이 갈수록 증가하고 있다. 고래와 북극곰은 성인 수컷의 생식 기능을 좌우하는 호르몬인 테스토스테론의 수치가 급격히 낮아지고 있다. 특히 북극곰의 경우 수컷 생식기의 미발달로 성별 구분이 어려운 사례도 보고되고 있다. 이밖에 알래스카 수사슴의 3분의 2는 뿔이 제대로 자라지 않고 있다.

이 같은 왜소음경 현상, 임신 실패율 증가, 테스토스테론 수치 하락, 그리고 생식기의 미발달은 세계 각지의 포유류에서 공통적으로 발견되고 있다. 그렇다면 환경오염으로 암컷화를 유발한 인간은 여기서 자유로울까. 결론부터 말하자면 전혀 안전하지 못하며, 이미 암컷화가 급격히 진행되고 있다. 켐 트러스트의 보고서에 따르면 제 기능을 하기 어려울 정도의 왜소음경을 가진 남자아이들이 잇따라 태어나고 있다. 미국

뉴욕 주에 있는 로체스터연구소는 환경호르몬인 프탈레이트의 수치가 높은 어머니에게서 태어난 남자아이들을 조사한 결과, 성기가 작고 고환이 돌출되지 않는 현상을 발견했다고 밝혔다. 또한 네덜란드의 에라스무스대학에서는 폴리염화비페닐에 노출된 어머니에게서 태어난 남자아이들이 인형이나 찻잔 세트를 갖고 놀기를 좋아했다는 연구결과를 발표했다. 캐나다, 러시아, 이탈리아 등의 화학물질 오염지역에서는 여자아이가 남자아이보다 두 배 정도 많이 태어났다.

가속화되고 있는 정자 수 감소

수컷의 정자 수 감소는 이미 보편적인 현상이다. 실제로 세계 20개국의 조사결과 지난 50년간 남성의 정자 수는 정액 1밀리리터당 평균 1억 5000만 개에서 6000만 개로 줄었다. 이는 현대사회에서 남성의 신체활동 저하를 비롯해 전자파, 스트레스, 식생활 변화 등 여러 가지 요인들이 복합적으로 작용해 나타난 것이지만 결론은 암컷화의 전조현상으로 볼 수 있다.

영국의 의학 잡지에 실린 1992년 연구논문에 의하면 1940년 1밀리리터당 1억1300만 개이던 덴마크 남성의 정자 수는 1990년 6600만 개로 감소했다. 이 같은 상황은 아시아에서도 벌어지고 있다. 1998년 일본의 도쿄 근교에 사는 40대 전후 남성의 평균 정자 수는 1밀리리터당 8400만 개였지만 20대 남성의 평균 정자 수는 4600만 개에 불과했다. 이는 현대 남성의 경우 연령대가 낮으면 낮을수록, 과거에 생존했던 남성보다 상대적으로 정자 수가 감소하고 있다는 것을 의미한다.

켐 트러스트 보고서의 대표 집필자인 귀네 라이온즈는 "지금과 같은 속도로 수컷이 암컷화되면서 다음 세대를 생산하기 위한 수컷의 역할이 방해받는다면 동물 개체 수에 심각한 위협이 될 것"이라며 "암컷화를 초래하는 화학물질을 통제하기 위한 긴급한 대책이 필요하다."고 지적했다. 과연 진화의 수레바퀴가 각종 환경호르몬과 오염물질을 쏟아낸 인류에 대해 보복을 할 것인가. 즉 진화가 암컷만을 선택할 것인가는 아직은 알 수 없다. 과학이자 미스터리인 셈이다.

지구의 운명을 쥐고 있는 소행성 아포피스

인류가 출현하기 전까지 지구의 지배자는 공룡이었다. 공룡은 육상뿐만 아니라 하늘과 바다까지 지배하는 제왕이었다. 하지만 공룡은 한순간에 멸종해 버렸고, 지금은 종류를 헤아리기 어려울 만큼 다양한 뼈 화석만 남아 있다. 공룡의 멸종 원인에 대해서는 여러 가지 가설이 있는데, 급격한 기후변화와 활발한 화산활동, 그리고 포유류가 공룡의 알을 먹어버려 도태되었다는 것 등이 대표적이다. 하지만 가장 신빙성 있는 가설의 하나로 꼽히는 게 바로 소행성 충돌로 인한 멸종설이다.

이 가설은 기원전 6500만 년을 전후한 백악기 말기에 지름 10킬로미터의 거대한 소행성이 지구와 충돌하면서 지름 100킬로미터, 깊이 40킬로미터에 달하는 운석 분화구가 생겼다는 게 주요 골자다. 거대한 소행성이 지구와 충돌하면서 대폭발과 함께 엄청난 먼지구름을 발생시켜 1차적인 생태계 파괴가 이루어졌고, 뒤이어 2차적인 생태계 파괴가 진행됐다. 2차적 생태계 파괴는 먼지구름이 수년 이상 지속되며 햇빛을 차단해 나타난 현상을 말한다. 햇빛 차단은 기온의 급강하와 더불어 광합성을 해야 하는 식물의 멸종을 초래했고, 결국은 식물을 먹이로 삼았던 초식공룡, 그 초식공룡을 먹이로 삼았던 육식공룡 순으로 멸종되고 만 것이다.

그렇다면 고도의 문명을 이루어낸 인간은 소행성 충돌로부터 안전할까. 소행성의 크기와 구성성분 등 다양한 변수들이 있겠지만 공룡을 멸종시켰던 크기의 소행성이 지구와 충돌한다면 인간도 절대 안전하지 못할 것이다. 공룡과 똑같은 멸종의 길을 갈 수도 있다는 얘기다. 그렇다면 소행성 충돌로부터 인류 문명을 구하는 길은 무엇일까. 지구를 향해 돌진하는 소행성을 미리 찾아내 파괴하거나 궤도를 바꾸는 것만이 유일한 해결책일 것이다.

지구로 향하고 있는 소행성 아포피스

현재 인류 문명을 위협하며 지구를 향해 돌진하고 있는 소행성은 아포피스Apophis다. 아포피스는 2029년 4월 13일 지구와 약 3만6000킬로미터 거리까지 근접하고, 2036년 4월 13일에는 지구와 충돌할 가능성이 높은 것으로 분석되고 있다.

아포피스는 2004년 6월 미국의 로이 터커Roy A. Tucker, 데이비드 톨런David J. Tholen, 그리고 패브리조 버나디Fabrizio Bernardi가 발견했다. 당시 아포피스의 지름은 약 390미터로 추정됐고, 그해에 발견된 소행성 순서에 따라 '2004 MN₄'라는 임시 이름으로 불리다 2005년 6월에는 궤도가 확인된 천체들에게 부여되는 일련번호 '99942번'이 매겨졌다. 그리고 7월에는 이집트 신화의 태양신 라La를 삼키는 거대한 뱀의 이름을 따 아포피스로 명명됐다.

뱀으로 묘사되는 파괴의 신 아펩Apep의 그리스어 표기가 바로 아포피스다. 신화 속 파괴의 신 이름을 딴 아포피스의 정확한 명칭은 '99942 아포피스 2004 MN₄' 라고 할 수 있다. 6~7년을 주기로 태양계를 돌고 있는 아포피스는 발견 당시 소행성의 지구 충돌 위험성을 나타내는 척도인 토리노 스케일Torino Scale 2단계로 분류되었으며, 2029년 지구와의 충돌 가능성은 2.7퍼센트로 추정되었다.

지구의 운명을 위협하며 지구를 향해 돌진하고 있는 소행성 아포피스는 2029년 4월 13일 지구와 약 3만 6000킬로미터 거리까지 근접하고, 2036년 4월 13일에는 지구와 충돌할 가능성이 높다고 분석되고 있다.

토리노 스케일은 1994년 미국 MIT의 리처드 빈젤Richard P. Binzel 교수가 지진 규모를 나타내는 리히터 진도에 착안해 만든 것으로 토리노 충돌척도TIS: Torino Impact Scale로도 불린다. 토리노 스케일은 21세기 중에 소행성이나 혜성에 지구가 충돌할 위험도를 충돌 확률과 충격 크기에 따라 백색, 녹색, 황색, 오렌지색, 적색의 다섯 가지 색으로 구분하고, 이들 색을 0에서 10까지 총 11단계로 나눈다. 2단계는 '다소 근접하지만 특별한 충돌은 일어나지 않을 상황' 을 의미한다. 다시 말해 다소 주의 깊게 관측해야 하는 정도의 소행성에 불과하다는 얘기다. 하지만 토리노 스케일이 만들어진 이후 2단계로 분류된 것은 아포피스가 처음이었다. 즉 아포피스는 발견 당시부터 과학자들 사이에서 지구와 충돌할 가능성이 매우 큰 소행성으로 주목받아온 것이다.

아포피스 보고서

이 같은 아포피스의 위험성 때문에 미국항공우주국NASA은 2007년 태양계의 움직임을 연구하는 그룹을 통해 아포피스에 대한 보고서를 작성해 발표했다. 보고서에 따르면 아포피스가 2029년 4월 13일 지구와 충돌할 가능성은 거의 없다. 대신 지름이 210~330미터인 아포피스는 지구 상공 2만9470킬로미터까지 근접해 대서양 상공을 스쳐 지나가게 될 것이며, 이때는 육안으로도 그 모습을 볼 수 있을 정도라고 한다.

문제는 2036년 4월 13일의 상황이다. NASA가 아포피스의 궤도를 계산하는 토대로 사용한 표준동적 모델Standard Dynamical Model에 따르면 2029년의 궤도 예측은 상당히 정확한 반면 2036년의 궤도 예측은 불명확하다. 이는 아포피스가 발견된 이후 이 소행성에 대한 궤도 관측 기간이 짧았고, 다른 천체들과 비교해 상대적으로 크지 않아 궤도 변화가 발생할 변수들이 많기 때문이다. 현재 기준으로 아포피스는 2011년까지는 대형 광학천체망원경을 이용해 관측할 수 있으며, 2013년까지는 지구근접물체탐지 레이더를 이용해 관측이 가능하다. 하지만 2036년에는 아포피스가 어떤 궤도를 타고 지구를 향해 다가올지 전혀 예측이 어려운 상태다.

2007년 보고서는 아포피스가 2036년 지구와 충돌할 가능성은 4만5000분의 1에 불과하다고 예측했다. 하지만 독일의 열세 살 소년이 NASA의 확률 계산에 문제가 있다고 지적하자 NASA는 이를 받아들여 충돌 가능성을 450분의 1로 수정했다. 다소 근접하지만 특별한 충돌은 없을 거라는 위험 경고는 오히려 낙관적인 셈이다.

★☆ 소행성 Asteroid

태양을 공전궤도로 하여 돌고 있는 천체 중에서 행성보다 작지만 유성체보다는 큰 천체를 의미하는 것으로, 가스로 된 코마나 꼬리를 가지지 않는다는 점에서 혜성과 구분된다. 1801년 이탈리아 천문학자 주세페 피아치(Giuseppe Piazzi)에 의해 세레스(Ceres)가 발견된 이후 2010년까지 약 23만 개 정도가 등재되어 있다. 2004년 6월 로이 터커, 데이비드 톨런, 패브리조 버나디에 의해 발견된 아포피스도 그 소행성 가운데 하나다.

독일의 열세 살 소년이 지적한 변수는 지구 상공 3만6000킬로미터의 정지궤도를 돌고 있는 약 1147개의 위성이었다. 현재 지구 상공에 떠 있는 4만여 개의 각종 인공위성 대부분은 400~2000킬로미터의 저궤도를 돌고 있다. 대기권과 가깝기 때문에 공기마찰이 큰 저궤도 인공위성은 지속적인 상승 추진력이 필요해 크기를 최소화한다. 실제 360킬로미터 상공의 궤도를 돌고 있는 국제우주정거장ISS이나 특수 목적의 군사용 위성을 제외하면 이들의 무게는 1~2톤 내외에 불과하다. 2008년 2월 미국이 고장을 일으킨 군사용 위성을 미사일로 파괴한 사례에서 이 같은 사실을 확인할 수 있다. 당초 무게 9톤의 'USA-193'으로 알려졌던 이 첩보위성은 실은 2006년 12월 발사된 'NROL-21' 위성으로 무게는 약 2.2톤에 불과했다.

반면 3만6000킬로미터 상공의 정지궤도는 대기권의 영향을 받지 않아 대형 인공위성들이 발사되는데, 무게는 최소 2.5톤에서 최고 10톤에 달한다. 아포피스의 지구 접근과 관련해 고려해야 할 변수가 바로 이 정지궤도 위성과의 충돌이다. NASA가 2029년 아포피스 접근 궤도를 예측한 표준동적 모델에서는 태양, 지구, 달, 그리고 아포피스의 궤도 주변을 지나는 세 개의 소행성 간 인력이 고려된 반면에 이들 정지궤도 위성에 대한 고려는 포함되지 않았다.

아포피스의 경우 지름이 210~330미터인 비교적 작은 소행성이기 때문에 정지궤도 상의 대형 인공위성과 충돌하면 궤도가 바뀔 가능성이 크며, 이렇게 되면 지구와 충돌할 가능성 역시 더욱 커지게 된다.

또 다른 변수는 아포피스가 받게 되는 태양풍의 영향이다. 지구처럼 큰 규모의 중력장과 대기권, 그리고 자기장이 있는 행성의 경우에는 태양풍으로 인해 궤도가 변경될 가능성이 매우 희박하다. 하지만 아포피스와 같은 작은 소행성은 태양풍과 우주방사선에 노출되면 궤도의 변화가 발생할 수 있다. 또한 아포피스의 주요 구성성분이 철과 이리듐 320이기 때문에 태양풍과 우주방사선의 영향으로 내부구조의 변화가 일어날 수도 있다. 결과적으로 아포피스는 2036년은 물론 2029년에도 태양풍에 의한 궤도 변화로 지구와 충돌할 가능성이 있는 셈이다.

현재 과학자들은 아포피스의 크기가 작기 때문에 지구와 충돌하더라도 지구가 파괴되는 파국은 일어나지 않을 것으로 보고 있다. 또한 지구와 충돌하기 전 폭발을 일으킬 수도 있으며, 바다에 떨어지더라도 인접 지역에 쓰나미를 발생시킬 정도로 분석되고 있다. 육상에 떨어진다고 해도 지구가 쪼개질 가능성은 전혀 없으며, 해당지역에 대규모 폭발을 일으킬 정도라는 게 과학자들의 진단이다. 하지만 수천만 명이 거주하는 대도시에 아포피스가 떨어진다면 그 피해는 상상을 초월할 것이며, 이로 인해 발생되는 엄청난 먼지구름이 지구환경에 심각한 타격을 가할 것으로 보인다.

솔라 세일의 활용

NASA는 아포피스와 지구의 충돌을 막기 위해 핵미사일이나 핵폭탄을 이용하는 데 부정적이다. 그보다는 새로운 우주여행 동력원으로 예상되는 솔라 세일solar sail을 이용해서 아포피스의 궤도를 바꾸는 방법을 제안하고 있다. 솔라 세일은 탄소섬유 등 가볍고 단단한 구조의 거대한 돛을 달고 불어오는 태양풍을 받아 우주공간을 날아가는 개념의 신기술이다. NASA가 이 같은 방법을 제안한 것은 핵미사일이나 핵폭탄을 사용했을 때의 위험성을 염두에 두기 때문인데, 영화에서도 이 같은 대목을 읽을 수 있다.

아포피스가 발견되기 훨씬 이전인 1998년 할리우드에서는 소행성 충돌을 다룬 〈아마겟돈Armageddon〉과 〈딥 임팩트Deep Impact〉라는 두 편의 영화를 만들었다. 지구를 향해 돌진하는 소행성을 핵폭탄으로 처리한다는 스토리는 유사했지만 결과는 달랐다. 〈아마겟돈〉의 경우 주인공의 영웅적 행동으로 소행성을 깨끗이 날려버리고 지구를 지켜냈지만, 〈딥 임팩트〉는 소행성을 단지 여러 조각으로 나누는 것에 그쳤다.

지구를 향해 시속 2만2000마일로 돌진하는 소행성을 처리하는 내용을 다루고 있는 마이클 베이 감독의 〈아마겟돈〉(1998) 포스터.

물론 이 영화에서도 파괴 임무에 나섰던 우주비행사들의 영웅적 행동으로 큰 덩어리의 소행성은 파괴되고 작은 조각만이 지구에 떨어진다. 다행히 지구가 파괴되는 위기는 피했지만 소행성의 작은 조각조차도 지구에는 엄청난 피해를 가져왔다.

상당수 과학자는 만일 소행성이 지구를 향해 돌진한다면 〈딥 임팩트〉와 같은 사태가 발생할 것으로 예상하고 있다. 그렇기 때문에 그들은 소행성이 지구로 다가오기 전에 우주선을 보내 파괴하거나 궤도를 바꿔버리는 방법을 최선책으로 생각하고 있다.

전 지구적 대비가 시급하다

NASA의 예측처럼 2029년에는 아포피스가 지구를 비켜가고, 2036년 이전에 아포피스의 방향을 보다 안전하게 돌려놓는 방법이 강구될지는 장담할 수 없다. 2008년 12월 초 유엔 산하 지구접근물체연구그룹 의장인

리처드 크라우서 박사는 지구로 접근하는 소행성을 파괴하거나 최소한 진로를 바꾸기 위한 국제적인 협력이 시급하다고 주장했다. 그는 우주개발협회ASE가 지구로 접근하는 소행성 요격 방안을 전 지구적으로 시급히 승인할 필요가 있다는 보고서를 제출한 것을 토대로 이 같은 주장을 하면서 아포피스를 대표적 사례로 들었다.

NASA 보고서는 2029년 아포피스의 지구 근접이 800년 만에 한 번 발생할까 말까 한 사례라고 평가하고 있다. 하지만 아포피스를 비롯한 소행성의 위협은 먼 미래의 일이 아니라 지금 당장 전 지구적인 준비가 필요한 사안이다. 달에 유인기지 건설을 추진하고 화성과 목성을 탐사하는 수준의 인류 문명이 기원전 6500만 년 전의 공룡 신세를 반복하지 않기 위해서는 그만큼의 노력이 필요한 것이다.

피라미드와 스핑크스는
외계문명의 작품인가

의문의 출발점은 건축 시기

피라미드와 스핑크스에 대한 미스터리는 수없이 많지만 그 모든 의문의 시발점은 바로 건축 시기다. 현재 피라미드와 스핑크스는 대략 기원전 2500년경에 건축된 것으로 추정되고 있다. 하지만 이에 대한 명확한 증거가 있다기보다는 피라미드를 세울 수 있는 규모의 왕조국가가 성립된 시기가 이 무렵이기 때문이다. 역사가들은 이집트 문명이 형성된 시기를 대략 기원전 6000년 무렵으로 추정하고 있으며, 이집트 전역에 통일국가가 형성된 시기를 기원전 3030년, 본격적인 왕조국가가 시작된 시기를 기원전 2850년으로 보고 있다. 이를 근거로 피라미드가 건축된 시기를 기원전 2500년경으로 역산한 셈이다.

하지만 최대 규모인 쿠푸왕의 피라미드 앞에 세워진 스핑크스의 침식흔적은 전혀 다른 가설을 가능하게 한다. 사람 머리에 동물의 몸을 가진 반인반수 형태의 조각상 스핑크스는 정확한 용도를 알 수 없지만 피라미드를 지키는 상징물로 추정되고 있다. 오랫동안 모래 속에 묻혀 머리 부분만 남아 있던 이 스핑크스는 기원전 1400년경 투트모스 4세가 모래를 걷어냄으로써 전체 모습이 드러난 것으로 기록되어 있다. 당시 왕자였던 투트모스 4세가 스핑크스 앞에서 잠이 들었는데, 꿈에 스핑크스가 나타나 "숨이 막힐 것 같은 모래를 걷어내면 왕으로 만들어주겠다."고 하여 모래를 치웠다고 한다. 그는 왕이 된 후 스핑크스의 두 발 사이에 자신의 꿈 내용을 적은 비석을 세운 것으로 알려져 있다.

제 모습을 드러낸 스핑크스는 얼굴 크기만 세로 5.8미터, 가로 6미터, 그리고 높이는 20미터에 몸 전체 길이는 약 52.4미터에 달하는데, 대략 기원전 2500년경 카프레 왕이 세운 것으로 추정된다. 하지만 하나의 거대한 암석을 깎아 만든 이 스핑크스의 측면에는 수많은 침식의 흔적이 있었다. 사막 기후의 강력한 모래바람에 의한 흔적이라는 것이 일반적인 가설이었는데, 이 침식 흔적을 면밀히 분석하면 모래바람이 아니라 물에 의한 침식일 가능성이 매우 높다. 문제는 이집트의 기후 상태로 볼 때

피라미드와 스핑크스에 대한 수많은 미스터리가 난무하는 가운데 피라미드의 규모와 건축방법 등으로 보아 현재 인류 문명보다 훨씬 이전에 정체불명의 초고대문명이나 외계문명이 만들었을 가능성들이 제기되고 있다.

기원전 2500년 무렵에는 현재와 같은 메마른 기후였으며, 침식을 일으킬 정도의 홍수는 약 기원전 7000~5000년 이내에 있었다는 것이다.

사실 투트모스 4세의 전설에서처럼 스핑크스는 지난 대부분의 시간 동안 모래 속에 묻혀 있었고, 지금도 모래를 걷어내지 않으면 파묻혀 버리기 때문에 모래 속에 묻힌 채 강력한 모래바람의 침식을 받기는 어렵다. 이로 인해 스핑크스의 침식 흔적은 모래바람이 아닌 물에 의한 것이며, 물이 아니면 이러한 흔적을 남기는 것이 불가능하다는 주장이 제기되고 있다. 이 같은 주장이 사실이라면 스핑크스가 만들어진 시기는 기원전 7000~5000년일 개연성이 매우 높다. 그런데 이 시기는 금속을 전혀 사용하지 않던 석기시대다.

사자의 몸에 사람의 얼굴이라는 스핑크스의 특징과 황도 12궁 중 하나인 사자 별자리와의 연관성도 이러한 가설을 뒷받침한다. 이집트에서 사자자리가 스핑크스 정면에 나타났던 시기는 기원전 1만970년~8810년 까지이기 때문에 이 시기에 건축되었을 가능성이 크다는 것이다. 이 같은 가설은 다시 피라미드의 건축 시기에 대한 의문으로 이어진다. 스핑크스가 먼저 만들어지고 피라미드가 나중에 만들어졌을 가능성은 매우 희박하다. 이렇게 되면 피라미드의 건축 시기 역시 이집트 초기 왕조국가가 출현한 기원전 2500년보다 훨씬 이전일 가능성이 커진다. 얼핏 보면 고대 건축물의 건축 시기가 보다 오래전의 것으로 드러나는 것에 불과할 수도 있다. 하지만 피라미드의 규모와 건축 방법 등을 고려하면 현재 인류 문명의 발전과정보다 훨씬 이전에 정체불명의 초고대문명이 존재했을 가능성과 외계문명의 존재 가능성이 커지게 된다.

이집트 기자 지역에 있는 세 개의 피라미드 중 가장 큰 쿠푸왕의 피라미드는 가로와 세로가 각각 230.5미터, 높이는 146.60미터에 달하는 거대한 사각뿔 형태의 건축물이다. 평균 2.5톤의 돌 230만 개를 쌓아 만든 이 피라미드는 쿠푸왕의 무덤인지 또는 다른 용도로 만들어진 것인지 불확실하다. 이 피라미드에서 왕의 미라가 발견되지 않았기 때문이기도 하지만, 내부에서 외부로 연결되는 가로세로 20센티미터 정도의 좁은 통로를 통해 보이는 별자리의 위치나 기자 지역 세 개 피라미드의 배열이 오리온 별자리를 모방했다는 측면 등에서 다른 용도의 건물일 가능성도 있기 때문이다. 이 같은 의문들을 반영하듯 SF영화인 〈스타게이트 Stargate〉(2008)에서는 피라미드가 초거대 행성 간 우주선의 착륙기지로 표현됐다. 또 다른 영화 〈제5원소 The Fifth Element〉(1997)에서는 지구를 구하는 무기가 탑재된 외계인의 건축물로 표현되기도 했다. 단순히 인간의 상상력을 토대로 한 것이지만 피라미드와 외계인을 연관 짓고 있다는 점은 피라미드에 관한 미스터리에서 출발한 것이 분명해 보인다.

모래사막 한복판에 세워진 피라미드도 스핑크스의 침식 흔적과 같은 의문이 있다. 그 용도가 왕의 무덤인지 아니면 천문대인지를 떠나 도대체 왜 모래바람 때문에 모래 속에 묻히기를 반복하는 사막 한복판에 세웠느냐는 것이다. 이러한 의문은 스핑크스 가설에서 보듯 건축 시기를 약 1만 년 전(기원전 7000년)으로 보면 쉽게 해결된다. 당시의 이집트 기자 지역은 모래사막이 아니라 비옥한 초원지대였을 개연성이 높기 때문이다. 이 시기에 건축되었다면 위치에 대한 의문은 쉽게 풀리는 셈이다.

건축 방법 역시 의문

기원전 2500년경의 기술로도 건축하기 어려운 피라미드를 약 1만 년 전에 건축했다는 것은 거의 불가능하므로 결국 외계문명이나 정체불명의 초고대문명설로 이어지게 된다. 물론 반론도 만만치 않다. 피라미드와 스핑크스의 건축 과정에 많은 의문점이 생길 수 있지만, 화강암과 비교해 재질이 무른 석회암을 사용했기 때문에 대량의 금속공구 없이도 충분히 건축할 수 있었다는 것이다. 즉 소량의 금속공구와 석기만으로도 건축할 수 있는 수준이라는 의미다.

또한 거대한 돌을 높은 곳까지 쌓아올리기 위해 현대에 사용하는 것보다 큰 기중기가 필요했을 것이라는 주장에 대해서도 반론이 제기되고 있다. 초대형 기중기의 흔적이 없다는 것이 외계문명의 영향을 받았다는 증거라는 주장에 대해 프랑스 건축가 장–피에르 우댕Jean-Pierre Houdin은 2007년 피라미드가 내부에서부터 쌓여졌다고 주장했다. 이는 피라미드를 쌓기 위해 약 1.6킬로미터에 달하는 직선형 경사로를 만든 뒤 피라미드의 높이가 올라감에 따라 경사로를 함께 높여간다는 기존 건축방법 주장의 맹점을 해결한 것이다.

이 같은 경사로 건축방법의 경우 피라미드 높이를 감안할 때 현재 나타난 경사로 흔적보다 더 길어야만 가능하며, 이렇게 되면 2.5톤 무게의 석재를 이 경사로를 통해 옮기는 작업이 쌓아올리는 작업보다 힘들어지게 된다. 우댕의 주장에 따르면 피라미드의 아랫부분은 외부 경사로를 이용해 쌓아올렸지만 나머지 부분은 피라미드 내부 경사로를 통해 옮겨진 석재를 쌓아올리는 방식을 취했다는 것이다. 즉 피라미드 내부에 나선형 경사로를 만든 후 이 경사로를 통해 석재를 밀고, 위에서 끌어당기는 형태로 만들었다는 것이다.

우댕은 피라미드 내부에서 용도를 알 수 없었던 경사로 복도와 도르래가 달린 밧줄을 연결했을 것으로 추정되는 구멍들을 연구해 이 같은 결론을 도출했다. 특히 가장 의문시되었던 다섯 개의 60톤짜리 화강암으로 덮인 '왕의 방' 천장 부분 역시 이 같은 방식으로 가능하다고 밝했다. 높이 43미터 부분에 위치한 왕의 방 천장 부분은 거대한 기중기로 위에서 덮을 수밖에 없다는 주장이 있었지만, 우댕은 내부 경사로만으로 덮을 수 있다는 것을 컴퓨터 그래픽으로 입증해 보였다. 또한 피라미드 최상단에 올려진 15톤 무게의 사각뿔 형태 석재 역시 마지막에 덮인 것이 아니라 건축 마지막 단계에서 옮겨놓은 뒤 바로 밑의 돌을 쌓으면서 들어올린 형태라고 했다. 이 같은 주장은 굳이 미스터리로 보지 않더라도 피라미드와 스핑크스의 건축 과정을 충분히 설명할 수 있다.

하지만 이러한 연구결과들이 현재 알려진 건축 시기보다 더 과거에도 건축할 수 있었으리라는 간접적 해명은 될 수 있지만, 수천 년의 차이가 발생하는 건축 시기 문제 자체를 해소한 것은 아니다. 스핑크스에 나타난 침식 흔적처럼 수천 년 전에 건축이 이뤄졌다면 초고대문명이나 외계인의 문명이 존재했다는 음모론이 여전히 고개를 들 수밖에 없게 된다. 과연 피라미드와 스핑크스를 외계인의 영향을 받은 문명이 건축했는지, 그리고 음모론자들의 주장처럼 달이나 화성에도 거대한 피라미드 건축물이 존재하는지는 여전히 미스터리로 남아 있다.

음악의 데스노트
9번 교향곡의 저주

클래식 음악계에는 오랜 미스터리가 하나 있다. 바로 9번 교향곡의 저주다. 19세기부터 시작된 이 저주는 9번 교향곡을 작곡한 작곡가들이 그 다음 작품을 만들기 전에 목숨을 잃는 일이 빈발하면서 시작됐다. 실제로 베토벤을 포함한 많은 작곡가들이 이 저주를 극복하지 못하고 유명을 달리했다. 정말로 9번 교향곡에는 우리가 모르는 저주의 굴레가 씌워져 있는 것일까. 아니면 단지 우연의 일치였던 것일까.

베토벤, 슈베르트, 드보르작, 브루크너, 말러. 이들은 세계 음악사에 한 획을 그은 교향곡 작곡가다. 이들에게는 또 하나의 공통점이 있는데 하나같이 9번 교향곡을 작곡한 후 목숨을 잃었다는 사실이다. 9번 교향곡과 관련하여 오스트리아의 표현주의 음악가 아르놀트 쇤베르크 Arnold Schönberg는 이런 말을 남기기도 했다. "9번 교향곡을 작곡한다는 것은 곧 죽음과 가까워졌다는 것이다." 이것은 무슨 의미일까.

9번 교향곡, 그리고 돌연한 죽음

9번 교향곡의 저주는 역사상 가장 위대한 음악가로 꼽히는 베토벤으로부터 시작되었다. 알려진 것처럼 베토벤의 삶은 그야말로 시련의 연속이었다. 특히 서른 살 이후에는 청력까지 완전히 상실했지만 그는 꿋꿋이 작곡에 전념하여 수많은 걸작을 남겼다. 교향곡 〈영웅〉, 〈운명〉, 〈전원〉을 비롯해 피아노 소나타 〈비창〉, 〈월광〉 등 전 세계인으로부터 폭넓은 사랑을 받는 작품도 셀 수가 없을 정도다. 한 지휘자는 베토벤의 음악성을 칭송하며 "베토벤의 곡을 지휘할 때면 신과 대화하는 것 같다."는 말을 남기기도 했다.

베토벤의 작품에서 최고의 걸작으로 칭해지는 것은 단연 9번 교향곡 〈합창〉이다. 장엄하고 웅대한 이 곡이 완성되기까지 자그마치 30여 년의 세월이 걸렸는데, 알려진 바에 따르면 베토벤은 20대 초반인 1793년부터 이 곡을 구상했다고 한다. 그는 당시 자신의 우상이었던 시인 프리드리히 쉴러Friedrich von Schiller의 〈환희의 송가〉에 곡을 붙이기 위해 메모를 해뒀다가 쉰이 훌쩍 넘은 1822년 런던필하모니에서 교향곡 작곡 의뢰를 받은 후 마침내 '합창' 이라는 이름으로 작품을 완성해냈다. 이에 대한 대중들의 반응은 뜨거웠다. 오스트리아 빈에서 초연할 당시의 유명한 일화도 있다. 청력을 잃은 베토벤이 연주가 끝난 뒤에도 악보만 바라보고 있자 단원 중 한 명이 그의 소

요세프 카를 스틸러(Joseph Karl Stieler)가 그린 베토벤의 초상화. 하이든과 모차르트와 함께 빈고전파를 대표하는 독일 작곡가 베토벤은 9번 교향곡 〈합창〉의 대성공 이후 10번 교향곡을 구상하던 중에 갑자기 목숨을 잃었다.

매를 끌어 환호하는 관중을 향해 몸을 돌리게 했다. 그 광경을 바라본 베토벤은 오랜 눈물을 흘렸다고 한다.

　　문제는 바로 그 다음이었다. 9번 교향곡의 대성공에 이어 10번 교향곡을 구상하던 베토벤이 갑자기 목숨을 잃고 만 것이다. 사인에 대해서는 의견이 분분한데, 폐렴의 후유증인 폐수종 때문이라고도 하고 과도한 음주에 따른 간경화라는 주장도 있다. 한 의사는 류머티스로 인해 인체의 각 기관에 염증이 생기면서 극심한 고통을 이기지 못해 자살했다고 주장하기도 했다. 물론 지금도 그의 죽음에 대해서는 정확히 밝혀진 바가 없다. 정말 그는 9번 교향곡 저주의 희생양이었을까.

슈베르트로 이어진 저주

진실 여부를 떠나 저주는 슈베르트에게 이어졌다. 그는 오페라, 실내악, 피아노곡, 교회음악, 가곡 등 전 부문에 걸쳐 무려 998곡의 작품을 남겼는데, '가곡의 왕'이라는 타이틀의 주인공답게 〈들장미〉, 〈숭어〉 등 가곡만 무려 633곡에 이른다. 무엇보다 슈베르트는 당대 음악계의 거성이었던 베토벤을 깊이 존경한 것으로 알려져 있다. 그 때문인지 슈베르트도 평생의 대부분을 빈에서 보내며 음악활동을 했다. 슈베르트의 작품을 보다 잘 이해하려면 베토벤과 비교해봐야 한다는 말까지 있을 정도다.

　　슈베르트는 베토벤이 사망한 이듬해에 서른한 살의 젊은 나이로 세상을 떠났다. 사인은 티푸스균에 의한 질환으로

초기 독일 낭만파의 대표적 작곡가이자 근대 독일 가곡의 창시자인 슈베르트. 선율과 화성적 면모가 두드러진 600여 곡의 독일 가곡과 실내악곡, 교향곡 등을 남겼다. 대표적인 작품으로는 C장조 교향곡 〈대교향곡〉, B단조 교향곡 〈미완성 교향곡〉 등이 있고, 다수의 미사곡과 피아노곡 등을 작곡했다.

알려져 있지만 일각에서는 매독이라고 주장하기도 한다. 그의 죽음과 관련해 놀라운 점은 그 역시 베토벤처럼 9번 교향곡 〈그레이트〉를 완성한 직후 죽음을 맞았다는 것이다. 슈베르트가 10년 이상을 고심해 만든 이 작품은 오늘날 웅장한 선율 속에 깊고 풍부한 감정이 깃든 걸작으로 평가받지만 정작 슈베르트 본인은 죽기 전까지 이 곡이 연주되는 것을 단 한 번도 들어보지 못했다.

이렇게 된 데는 사연이 있다. 그의 죽음 이후 사람들은 그가 8번 교향곡 〈미완성〉을 완성하지 못한 채 죽음을 맞았다고 믿었다. 하지만 슈베르트가 세상을 떠난 지 10여 년이 지나 독일의 음악가 슈만이 세간에 알려지지 않았던 9번 교향곡을 발견하게 된다. 슈베르트의 형을 만나 먼지투성이 악보 하나를 얻게 되었는데 그것이 바로 〈그레이트〉였던 것이다. 당시만 해도 곡이 너무 길고 동일한 리듬만 계속 반복되어 오케스트라 연주자들에게 비웃음까지 받았던 이 곡은 슈만의 헌신적인 노력으로 1839년 초연될 수 있었다. 결과적으로 슈베르트도 9번 교향곡의 저주를 피하지 못한 셈이다. 그것도 아주 젊은 나이에 말이다.

방심이 부른 죽음

두 명의 거장을 앗아간 9번 교향곡의 저주는 이후에도 계속되었다. 브루크너와 드보르작이 다음 희생양이었다. 19세기 후반 최고의 교회음악가로 평가되는 브루크너는 〈레퀴엠〉, 〈미사 솔렘니스〉 등 미사곡뿐만 아니라 긴 교향곡을 다수 작곡하기도 했다. 서른 살의 늦은 나이에 본격적으로 음악의 길에 뛰어든 그가 작곡가로서의 명성을 얻게 된 것도 예순이 넘어 작곡한 7번과 8번 교향곡을 발표한 후였다. 말년에는 쇠약해진 몸으로 옛 교향곡의 개작이나 퇴고에 힘을 기울인 것으로 알려진 브루크너는 9번 교향곡을 작곡하던 중 돌연 사망하고 만다. 베토벤과 슈베르트가 9번을 완성하고 10번을 작곡하던 도중 사망했던 것과 비교하면 약간의 차이가 있는 셈이다.

하지만 여기에는 재미있는 사실이 있다. 그가 작곡한 교향곡은 모두 열 곡으로, 어렸을 때 작곡한 한 곡이 뒤늦게 발견되어 1번 교향곡임에도 10번 교향곡이 된 것이다. 만약 작품의 완성 순서에 맞춰 10번 교향곡을 1번으로 하고 나머지 교향곡들을 모두 한 단계씩 뒤로 밀면 브루크너 역시 9번 교향곡을 작곡한 뒤 10번 교향곡을 완성하지 못하고 죽은 것이 된다.

체코의 국민적 음악가로 추앙받는 드보르작도 이와 크게 다르지 않다. 그는 민족적이고 서정적인 작품을 바탕으로 자국은 물론 독일, 영국, 미국 등지에서도 큰 인기를 누렸으며, 슈베르트와 비견될 만큼 독창성이 풍부한 많은 수의 작품을 남겼다. 1904년 신장병으로 사망한 그의 마지막 작품은 그 유명한 〈신세계 교향곡〉이다. 예상했겠지만 그의 아홉 번째 교향곡이다.

이쯤 되면 작곡가들에게 9번 교향곡은 두려운 징크스가 되기에 충분하다. 이를 극도로 두려워해 징크스를 벗어나려고 갖은 애를 쓴 인물도 있다. 당대 최고의 오케스트라 지휘자로 명성이 자자했던 구스타프 말러Gustav Mahler다. 여러 편의 교향곡을 작곡하며 베토벤 이후 가장 우주적이고 형이상학적인 작곡가로 인정받았던 그는 9번 교향곡을 만들어야 하는 시점에 저주를 피하기 위해 고민을 거듭하게 된다. 그가 얻은 결론은 작곡한 교향곡에 번호를 붙이지 않고 단지 표제만을 붙이는 것이었다. 이렇게 번호가 없는 교향곡 〈대지의 노래〉가 탄생했다.

하늘에 뜻이 닿았는지 이 비책은 통했다. 교향곡 완성 후 그에게는 아무 일도 일어나지 않았다. 하지만 이때 그는 실수(?)를 저지르게 되는데, 저주를 완전히 피했다고 믿고 열번째 교향곡에 제9번이라는 이름을 붙인 것이다. 이후 말러는 10번 교향곡 작곡에 착수한 지 1년도 지나지 않아 심장병 악화로 삶을 마감하게 된다. 끝내 9번 교향곡의 저주로부터 무사하지 못했던 것이다.

저주는 우연의 일치인가

이처럼 우연의 일치라고 하기에는 놀라울 만큼 정교한 사건들의 연속이 9번 교향곡의 저주에 대해 심리적인 신빙성을 준다. 하지만 이를 저주로 단정짓기에는 분명 모자란 구석이 있다. 9번 교향곡의 저주를 보란 듯이 피해간 이들도 적지 않기 때문이다.

교향곡의 아버지로 칭송받는 하이든은 일흔일곱 살까지 장수하며 무려 100여 곡이 넘는 교향곡을 작곡했다. 모차르트 또한 위령미사곡 〈레퀴엠〉을 미완성으로 남긴 채 서른여섯 살의 젊은 나이로 세상을 떠났지만 그가 남긴 교향곡 작품은 총 41곡이나 된다. 구소련을 대표하는 음악가 쇼스타코비치도 유명을 달리한 일흔 살까지 15곡의 교향곡을 남겼다. 물론 세 사람 모두 아홉번째 교향곡에 당당히 9번을 달았다. 이들만이 아니라 이후로도 많은 작곡가들이 9번 교향곡을 작곡하고 무사히 여생을 보냈다. 그러므로 9번 교향곡의 저주를 그저 신기한 우연의 일치로 보는 견해가 더 우세한 실정이다.

★ 교향곡 Symphony

관현악으로 연주되는 악곡 형식 중 하나이며, 주로 4악장으로 구성되어 있다. 'Symphony'는 '소리의 조화'를 뜻하는 그리스어 '쉼포니아'와 '조화로운'을 뜻하는 '쉼포노스'에서 유래했으며, 18세기 중엽에서 19세기 초 고전파 음악의 대표적 장르였다. 교향곡은 지금까지 모든 음악형태 중에서 가장 중요한 지위를 차지하고 있는데, 세계 3대 교향곡으로 베토벤의 〈운명〉, 슈베르트의 〈미완성 교향곡〉, 차이코프스키의 〈비창〉을 꼽는다.

사실 아무리 뛰어난 작곡가라도 오케스트라를 위한 장대한 스케일의 교향곡을 작곡하는 것은 결코 쉽지 않은 일이다. 우리가 천재라 칭하는 작곡가들조차 한 곡의 교향곡을 작곡하는 데 길게는 수십 년을 소요했다. 그러니 평생에 걸쳐 계속해서 교향곡을 작곡하는 것은 정신적으로 엄청난 압박을 받는 일임에 틀림없다. 과학적 관점에서 보면 바로 이처럼 극심한 스트레스와 피로가 원인이 되어 사망에 이르렀을 수 있다. 이를 감안할 경우 앞서 언급한 쇤베르크의 발언도 저주 자체를 염두에 뒀다고 하기보다는 교향곡을 아홉 곡이나 작곡할 정도면 죽음에 가까워졌다고 해도 과언이 아닐 만큼 심신의 에너지가 소진됐다는 의미로 해석할 수 있다.

다만 우리가 사랑해마지 않는 여러 작곡가들이 약속이나 한 듯 9번 교향곡을 작곡한 후 죽음을 맞았다는 점은 대중의 호기심을 자극하기에 충분한 화젯거리임에 틀림없다. 19세기에 일어났던 사건들이 오늘날까지 회자되고 있는 이유도 이 때문일 것이다.

과학적 증명 여부를 떠나 9번 교향곡의 저주가 사실인지 혹은 뒷날의 호사가들이 그럴 듯하게 끼워맞춘 이야기인지는 누구도 단언할 수 없다. 또 지금에 와서 그것을 가려내는 일이 별반 중요하지 않을 수도 있다. 중요한 것은 저주로 세상을 떠났다는 그 작곡가들의 마지막 9번 교향곡들이 하나같이 명곡이며 그들의 음악인생이 집약적으로 녹아 있는 걸작이라는 점이다. 어쩌면 9번 교향곡의 저주는 아낌없이 자신을 불태운 열정과 노력의 다른 이름은 아닐까.

신화 속 괴생명체의
실체를 밝힌다

스코틀랜드 네스 호수에 산다는 네시와 백두산 천지의 호수 괴물, 북아메리카 북서부 산중에서 목격됐다는 빅풋과 히말라야 산맥의 설인 예티, 이들은 모두 전설이나 신화에 등장하는 정체불명의 괴생명체로 아직까지 목격담이 이어지고 있다. 현재 이들의 존재 여부에 대해서는 부정적인 견해가 많지만 전설이나 신화 속 존재로만 여겨졌던 마운틴고릴라, 코모도 드래건, 실러캔스, 대왕오징어 등이 실존하는 것으로 확인됐기 때문에 네시, 천지 괴물, 빅풋, 예티 등의 존재도 무조건 부정할 수만은 없다. 이러한 상황에서 최근에는 이들 괴생명체의 존재를 규명하고자 하는 신비동물학까지 등장했다. 어쩌면 지금도 전설이나 신화에 등장하는 상당수의 괴생명체가 사람의 손길이 미치지 않는 깊은 바다나 밀림 속에 숨어 있을지 모른다.

세계 각지의 괴생명체

스코틀랜드 네스 호수에 산다는 정체불명의 동물 네스의 정체는 아직까지 확인되지 않고 있다.

네시Nessie는 스코틀랜드 인버네스에 있는 네스 호수에 산다는 괴생명체로 6세기경부터 목격담이 전해져 왔다. 세계 언론의 주목을 받기 시작한 것은 1933년 영국인 부부가 관광 도중 거대한 공룡 같은 검은 물체를 보았다고 주장한 이후부터다. 1975년에는 미국인 변호사가 네스 호수에서 찍었다며 목을 길게 내놓은 공룡 형태의 사진을 내놓아 신비감을 더했으며, 이후에도 네시를 보았다는 사람들이 이어졌지만 아직까지 정체는 확인되지 않고 있다. 설화에 나오는 지옥의 요정이라는 설에서부터 추락한 군용기의 잔해라는 설, 그리고 공룡과 함께 멸종한 해양 파충류라는 설 등이 뒤섞여 나돌고 있다.

천지 괴물은 백두산 천지에 살고 있다는 호수 괴물로, 인간과 비슷한 머리를 지녔고 목 길이는 1.5미터로 깊은 물밑에 산다고 전해진다. 천지 괴물에 대해서는 1903년 최초로 기록이 되어 있는데, 거대한 물소와 비슷한 괴물을 세 사람이 목격했다고 한다. 어떤 자료에는 20마리의 괴물을 보았다는 기록도 있다.

빅풋Big Foot에 대한 목격담은 좀 더 구체적이다. 새스쿼치Sasquatch라고도 불리는 빅풋은 북아메리카 북서부 산중에 사는 사람과 비슷한 영장류라고 알려져 있다. 180~240센티미터의 키에 몸은 두껍고 허리는 거대한 원통처럼 생겼으며, 검은 털로 뒤덮여 있다고 한다. 대개 야행성이고 혼자서 다닌다는 빅풋은 발의 크기가 35~45센티미터나 되며, 사슴 등을 잡아먹는다. 1811년 영국의 탐험가 데이비드 톰프슨에 의해 처음 보고됐으며, 1884년에는 캐나다의 조그만 마을에서 빅풋을 정면에서 마주보았다는 사람도 있었다. 1967년 캘리포니아 주 블러프크리크에서 아마추어 사진작가인 로저 패터슨Roger Patterson이 숲속으로 걸어 들어가는 빅풋 암컷을 휴대용 영화 카메라로 촬영하여 공개했다. 빅풋을 촬영한 16밀리 컬러필름은 진위 여부를 놓고 아직까지 공방전이 계속되고 있는 상태다. 영국 일간지 〈데일리메일〉 2011년 6월 24일자 보도에 의하면 미국 캘리포니아의 시에나 국유림에 주차된 자동차의 유리창에서 빅풋으로 의심되는 흔적을 발견해 DNA 검사를 하고 있다고 한다.

1899년 히말라야산맥의 6000미터 고지 눈 속에서 발자국이 발견된 예티Yeti는 일반적으로 눈 사나이로 알려져 있다. 1922년과 1936년, 그리고 최근에도 계속 발자국이 발견되어 사진이 공개되었는데, 발자국 크기는 코끼리 발자국만하다. 전체적으로는 하얀 털로 뒤덮인 초대형 유인원의 모습을 하고 있다는데, 발자국 말고는 확인된 게 없는 상태다.

이들 괴생명체는 실제로 존재하는 것일까. 그리고 이들을 보았다는 목격담은 어디까지 믿어야 할까. 괴생명체에 대한 이야기는 잊을 만하면 한 번씩 목격담이나 새로운 증거가 발견됐다며 전 세계 외신을 장식하고 있다.

신비동물학의 태동

괴생명체의 존재는 한순간의 이야깃거리일 뿐 영원히 풀 수 없는 미스터리에 불과한 것일까. 지금으로서는 미스터리인 것이 분명하지만 사실을 밝히기 위해 노력하는 사람들도 있다. 최근에는 신비동물학Cryptozoology이라는 하나의 학문으로 연구되고 있는데, 전설이나 신화 속에 등장하는 괴생명체를 찾아내려는 신비동물학은 아직까지 정규 교육과정으로 인정받지는 못하지만 생물학이나 동물학, 심지어는 고생물학의 영역을 넘나든다. 사실 신비동물학은 전설이나 신화 속의 괴생명체만을 찾는 학문이 아니다. 증거가 없어 존재를 증명할 수 없는 생명체의 존재 가능성을 찾아 끊임없이 연구하는 이 학문은 상당한 실적을 올리기도 했다.

한 예로 수십 미터 크기의 대왕오징어와 이미 멸종되어 화석으로만 존재한다고 알려졌던 6500만 년 전 고대 물고기 실러캔스Coelacanth의 발견은 신비동물학이 학문으로서 연구될 가치를 충분히 입증했다. 신비동물학은 벨기에의 베르나르 외벨망Bernard Heuvelmans이 1955년 《미지의 동물을 찾아서 Sur la Piste des Bêtes Ignorées》를 출간한 이후 학문의 기초가 다져졌다. 이후 미지의 생명체에 대한 관심이 고조되면서 1959년 신비동물학이라는 용어가 공식적으로 사용되었으며, 1982년에는 국제신비동물학회ISC가 발족됐다. 국제신비동물학회의 마스코트로 사용되는 오카피Okapi는 얼룩말과 기린의 중간 형태로, 1901년 콩고 지역에서 발견되기 전까지는 전설 속의 동물에 불과했다.

1869년 발견된 자이언트 팬더Giant panda와 1902년 발견된 마운틴고릴라Mountain gorilla, 그리고 1912년 발견된 코모도 도마뱀Komodo dragon 역시 한때는 전설 속의 동물이었다. 이밖에 얼룩무늬를 가진 사자 마로지Marozi, 키가 1.5미터에 불과한 피그미 코끼리Pygmy elephant, 기존의 어떤 사슴과도 다른 사올라Saola, 다른 고양이과 동물보다 두세 배나 긴 귀를 가진 온자Onza 등도 20세기 들어 새로 발견된 신비동물들이다.

얼룩말과 기린의 중간 형태로 국제신비동물학회 마스코트로 사용되는 오카피 역시 1901년 콩고 지역에서 발견되기 전까지는 전설 속의 동물에 불과했다.

판타지 영화 〈캐리비안의 해적: 망자의 함Pirates of the Caribbean: Dead Man's Chest〉(2006)에서는 범선을 휘감아 침몰시키는 거대한 문어 모양의 크라켄Kraken이라는 괴생명체가 등장한다. 영화에서는 거대 문어 모양으로 표현됐지만 크라켄은 사실 거대 오징어에서 유래된 말이다. 노르웨이의 박물학자 에리크 폰토피단Erik Pontoppidan 주교는 1755년 《노르웨이의 자연사》에서 노르웨이 앞바다에 크라켄이라고 불리는 거대한 오징어가 나타난다고 기록했다. 이 책에는 크라켄의 몸 둘레가 2.4킬로미터에 달한다고 되어 있어 상상력의 결과인 것처럼 여겨졌다.

하지만 거대 오징어, 즉 대왕오징어Architeuthis dux에 대한 증거는 수없이 많았다. 1639년 아이슬란드 해변에서 대왕오징어로 보이는 사체가 발견됐는데, 촉수의 길이가 약 9미터에 달했다. 1880년 뉴질랜드 해안으로 떠밀려온 대왕오징어의 사체는 몸길이가 18미터에 무게는 1톤에 달했다. 특히 눈의 지름은 40센티미터로 어지간한 사람의 머리보다 컸다. 1997년에는 오스트레일리아의 태즈메이니아 해역에서 15미터짜리 대왕오징어가 그물에 걸려 올라온 적이 있으며, 2001년 12월 미국 국립 자연사박물관은 해양생물학자들과 함께 몸길이가 7미터에 달하는 대왕오징어를 목격했다고 발표했다. 영화 속에 나온 크라켄과 같은 모습은 아니지만 거대한 대왕오징어의 실체

고어 버빈스키 감독의 영화 〈캐리비안의 해적: 망자의 함〉(2006)에서 거대한 문어 모양의 크라켄이라는 괴생명체가 범선을 휘감아 침몰시키는 장면.

는 어느 정도 밝혀진 셈이다. 해양생물학자들은 최고 깊이가 17킬로미터에 달하는 심해저 어딘가에 지금까지 발견된 것보다 더 거대한 대왕오징어가 생존해 있을 것으로 추정하고 있다.

사람만한 크기의 고대 어류인 실러캔스의 발견도 신비동물학의 필요성을 더해주는 사례다. 실러캔스는 6500만 년 전에 살았던 생명체로 진화의 바퀴 속에서 이미 멸종한 것으로 알려져 왔다. 하지만 1938년 실러캔스가 살아 있는 상태로 발견됐으며, 현재는 세계 여러 곳의 수족관에서 그 모습을 볼 수 있다.

공룡의 흔적을 찾는 연구

수억 년 전 지구를 지배했지만 현재는 화석으로만 남아 있는 공룡의 흔적을 찾는 것도 신비동물학의 관심사다. 신비동물학자들은 아프리카 적도지역의 늪지에서 목격됐다는 모켈레-므벰베Mokele-mbembe라는 동물이 용각류 공룡일 것으로 추정하고 있다. 아프리카 적도지역의 늪지는 현재까지도 완전한 탐사가 이뤄지지 못한 곳이다. 1776년 프랑스의 프로야트Abbé L. B. Proyart는 《아프리카의 로앙고, 카콩가 및 기타 왕국의 역사》에서 중앙아프리카 지역을 탐험한 프랑스 선교사들의 증언을 통해 코끼리보다 큰 몸집에 발톱 흔적이 있는 발자국을 발견했다고 기록했다. 몸집이 큰 코끼리의 경우 이와 유사한 크기의 발자국을 만들 수 있지만 문제는 코끼리에게서는 발톱자국을 발견할 수 없다는 점이다.

1913년 독일의 카메룬 식민지 탐험대장이었던 폰 스타인Freiherr von Stein은 콩고 강과 우반지 강 하류 유역에 살고 있는 모켈레-므벰베라는 동물을 흑인들이 두려워한다는 보고서를 남겼다. 이 보고서에 따르면 이 괴생명체는 코끼리만한 몸집에 회갈색이며, 길고 유연한 목을 가지고 있었다. 이 동물은 사람들이 카누를 타고 가까이 접근하면 카누를 단번에 공격해 파괴하지만 사람을 잡아먹지는 않는다고 했다.

1976년 미국 파충류학자인 제임스 포웰James H. Powell은 열대림 악어를 연구하기 위해 가봉을 여행하면서 느야말라N'yamala라고 불리는 엄청난 크기의 강 괴물에 대한 기록을 남겼다. 이후 포웰은 1979년 시카고 대학의 생물학자인 로이 맥칼Roy P. Mackal 박사와 함께 콩고 지역을 탐험하며 목격자와 접촉했다. 나중에 국제신비동물학회의 부회장을 맡은 맥칼 교수는 목격자들의 증언을 토대로 모켈레-므벰베가 화석으로 남아 있는 공룡인 아파타사우루스Apatasaurus나 디플로도쿠스Diplodocus와 흡사하다고 밝혔다.

이후 다수의 과학자들이 살아 있는 공룡으로 추측되는 모켈레-므벰베를 찾기 위해 여러 차례 탐사를 진행하고 새로운 목격자들도 나타났지만 아직까지 명확한 증거는 찾아내지 못하고 있다.

미스터리를 풀려는 노력

호주의 남쪽 섬인 태즈메이니아에 생존했던 주머니늑대Tiger wolf를 찾는 것도 신비동물학자들의 연구영역 중 하나다. 주머니늑대는 호주 지역에서 발견되는 유대류로 캥거루나 주머니쥐 등과 같이 배 부분에 있는 주머니에서 새끼를 기른다. 머리는 늑대를 닮았고, 몸집은 전체적으로 개와 비슷한데, 털은 밝은 갈색이며, 등을 가로질러 검은색의 줄무늬가 있다. 1933년 주머니늑대가 마지막으로 잡힌 이후 주머니늑대를 목격했다는 사람들은 많지만 이를 입증할 만한 명확한 증거는 없는 상태다.

이처럼 신비동물학자들은 현재까지 생존하고 있지만 아직 발견되지 않은 미지의 생명체와 함께 개체수 급감으로 발견하기 어려운 멸종

뉴질랜드 해안에서 일본어선 주이요-마루호에 의해 발견
된 괴생명체.

위기의 동물을 찾아내는 연구도 계속하고 있다.

1937년 향유고래의 뱃속에서 발견된 캐디Caddy와 1977년 뉴질랜드 해안에서 일본 어선 주이요-마루Zuiyo-maru호에 의해 끌어올려진 괴생명체는 미스터리를 현실화하는 증거 중 하나다. 캐디는 캐나다 해안에서 목격되는 괴생명체로 길이가 약 20미터 정도며, 뱀과 같은 모습을 하고 있다고 한다. 목격자들은 물갈퀴가 달린 사지를 가졌다고 증언하고 있는데, 일부에서는 향유고래의 뱃속에서 발견된 정체불명의 사체가 바로 캐디라는 주장을 하고 있다. 주이요-마루호가 끌어올린 괴생명체는 부패된 상태의 사체여서 사진만 찍고 곧바로 바다에 버려졌다. 사진상으로는 약 10미터 정도의 크기에 무게는 2톤가량인데, 전반적으로 수생 공룡과 비슷한 모습이다. 즉 공룡 몸체에 물개 등과 같은 지느러미 형태의 팔다리와 꼬리를 가지고 있는 것이다. 일부에서는 주이요-마루호의 괴생명체가 중생대에 살던 수생공룡 플레시오사우루스Plesiosaurus였을 것으로 추정하고 있다.

괴생명체의 존재 부인 어려워

세계 각지에서는 지금도 호수 괴물이나 빅풋, 예티 등은 물론 인어나 요정의 흔적이 발견됐다는 이야기가 흘러나오고 있다. 물론 진위를 가리기 어렵고 조작된 흔적도 있어 명확한 증거로 제시되지는 못하고 있다. 이처럼 괴생명체는 실제보다 과장되었을 수 있지만 그 존재 자체를 부정하는 것도 어렵다. 존재한다는 사실을 입증하지 못했다고 해서 그것이 존재하지 않는다고 단언할 수는 없기 때문이다. 실제로 대왕오징어나 코모도 도마뱀, 실러캔스 등은 발견되기 전까지는 전설이나 신화 속에 존재하는 괴생명체였을 뿐이다.

신비동물학자들이 살아 있는 공룡이나 빅풋, 예티 등을 발견해 기존의 동물분류학을 뒤집을 것인지 아니면 미스터리만을 쫓는 탐험자에 머물지는 좀 더 기다려 볼 일이다.

UFO를 움직이는 동력원의 미스터리

미스터리 영역에서 며칠에 한번 꼴로 인터넷을 달구는 이슈는 단연 외계인에 관한 것이다. 인류의 문명 이전에 초고대문명이 존재했다거나 달 또는 화성에 외계 문명의 흔적이 남아 있다는 주장들도 결국은 외계인의 존재에 관한 것이다. 가끔씩 공개되는 미확인비행물체UFO 발견 주장들도 외계인의 존재를 입증하는 증빙자료로 활용되고 있다. 입증하기 어려운 개인적인 목격담이거나 형체를 알아보기 어려울 정도의 흐릿한 사진이 대부분이지만, 합성을 의심할 정도로 선명한 사진도 있다. 달 탐사위성이나 화성 탐사선이 촬영한 새로운 사진이 공개될 때도 달이나 화성에 생명체 또는 외계 문명의 흔적이 있다는 분석들이 이어지고 있다. 인류가 현재 탐사하고 있는 달이나 화성이 아닌 다른 행성, 즉 외부행성에 탐사선을 착륙시켜 촬영된 영상이 공개되면 외계 생명체나 외계 문명에 대한 논란은 더욱 뜨거워질 것이다.

다양한 형태의 수없이 많은 UFO 종류

현재 외계인의 존재 가능성을 믿는 사람은 적지 않다. 하지만 과학적 또는 이성적인 판단으로 외계인이 존재한다고 주장하는 사람은 많지 않다. UFO의 존재 역시 마찬가지다. UFO가 인류의 미래에서 온 타임머신이라는 주장도 있지만 UFO의 존재는 외계인 또는 외계 문명의 존재와 직결되는 문제다. UFO는 지금 일반명사처럼 사용되고 있지만 본래는 '무엇인지 확인이 안 된 비행물체'라는 의미다. 1947년 6월 미국 워싱턴 주 레이니어 산 부근에서 민간항공기 조종사인 케네스 아놀드Kenneth Arnold가 비행접시 형태의 물체를 목격하여 보고한 후 확인되지 않은 비행물체에 대해 UFO라고 불렀다. 현재는 외계인이 지구로 보낸 비행물체로 이해되는 경향이 강하다.

존재 여부가 확인되지 않은 UFO지만 수많은 목격담을 토대로 보면 많은 종류와 다양한 형태가 있다. 접시 모양 중심으로 길쭉한 시가 형태, 축구공처럼 둥근 형태, 구름으로 위장된 형태, 심지어는 투명하게 위장된 형태 등도 보고되고 있다. 인류의 과학을 기준으로 본다면 항공기는 크기나 형태가 달라도 동체와 날개, 그리고 꼬리 날개 등 유사한 형태를 가지고 있다. 자동차 역시 크기는 달라도 네 개의 바퀴를 이용해 움직이는 기본 형태를 크게 벗어나지 않는다.

이 같은 맥락에서 본다면 목격되는 UFO의 형태 역시 한두 가지를 벗어나지 말아야 한다. 하지만 간간이 목격되는 UFO의 형태는 너무나도 다양하기 때문에 서로 다른 외계 문명에서 개발된 것이라는 주장도 나오고 있다. UFO의 종류가 많은 것에 대해서는 두 가지 서로 다른 해석이 있다. 하나는 실제로 여러 개의 외계 문명이 지구로 UFO를 보내고 있다는 것이다. 그리고 다른 하나는 이 우주상에 행성 간 탐사를 자유롭게 할 수 있는 다수의 문명이 존재할 가능성이 적기 때문에 수많은 UFO 목격담은 모두 근거가 없거나 착각일 뿐이라는 것이다.

과학자들은 우주가 생성된 이후 수많은 행성 중 한 곳에서 생명체가 존재할 가능성도 희박하지만, 이 생명체가 문명을 이룩하고 다시 행성 간 탐사를 자유롭게 할 수 있는 수준의 과학기술을 보유할 가능성은 없을 것으로 보고 있다.

현재 제기되고 있는 UFO의 동력원

UFO가 존재한다고 주장하는 사람들이 나름대로 과학적인 접근을 시도하는 부분은 바로 동력원이다. 즉 UFO가 어떤 동력원으로 비행하느냐 하는 것이다. 현재 NASA를 비롯해 러시아 등 우주개발 선진국들이 지구의 대기권 밖으로 인공위성이나 다른 행성 탐사선을 보내기 위해서는 연료를 강력하게 분사시켜 추진력을 얻어야 한다. 이를 위해 개발된 것이 로켓엔진이다. 물론 로켓엔진이 내는 추진력의 대부분은 지구 중력을 벗어나는 데 사용되고, 지구 중력을 벗어난 이후 공기저항이 없는 우주공간에서는 보다 적은 추진력만으로도 비행이 가능하다. 하지만 우주의 어느 곳에서 지구로 날아왔다고 가정되는 UFO의 경우, 인류의 과학적 수준으로 볼 때 지구를 떠나기 위해서는 NASA의 우주센터 발사장 같은 발사시설이 필요할 수밖에 없다. 이 때문에 UFO가 지구를 방문하고 안전하게 지구 중력을 벗어나 돌아가려면 특수한 동력원이 이용될 수밖에 없다는 게 UFO 신봉자들의 주장이다.

목격담을 토대로 하면 UFO는 수직 및 수평 비행이 자유롭고 소음이 없다. 또한 광속에 가까운 속도로 비행하면서도 직각으로 방향을 바꾸는 것이 가능하다. 뿐만 아니라 엄청난 비행속도에도 불구하고 순간적으로 정지하거나 역방향으로 비행하는 것이 가능한 것으로 알려져 있다.

항공기를 연구하는 과학자라면 UFO의 존재는 부정할지라도 이같은 상상 속 비행물체의 비행원리나 동력원에 관심을 가지고 있을 가능성이 크다. 음모론자들의 주장에 따르면 미국의 비밀기지인 51구역에서는 이미 외계인의 비행물체인 UFO를 보유하고 있으며, 이에 대한 연구를 진행하고 있다고 한다. 즉 UFO가 실제로 존재하느냐 아니냐의 단계를 넘어서 이제는 UFO의 동력원이 새로운 관심사라는 것이다.

현재 UFO가 존재한다고 주장하는 사람들은 나름대로 과학적인 접근을 통해 몇 가지 UFO의 동력원을 가정하고 있다. 대표적인 예가 반물질이다. 반물질이란 보통의 물질을 이루는 원자와 반대되는 반원자로 이루어진 것을 말한다. 그리고 반원자는 원자를 구성하는 입자인 양성자, 중성자, 전자와 반대되는 입자, 즉 반양성자, 반중성자, 양전자로 구성된 것을 의미한다. 이론상 반물질이 물질과 만나 쌍소멸하면 엄청난 에너지가 나오는데, UFO가 이 같은 에너지를 사용한다는 것이다. 이 에너지원을 이용해 빛보다 빠른 속도로 비행하면 이론적으로 시공간을 뛰어넘는 이동이 가능하기 때문이다. UFO의 또 다른 동력원으로 꼽히는 것은 반중력장치로, 이는 물체를 지구 중심으로 끌어당기는 중력의 힘과 반비례하는 힘을 만들어내는 장치를 의미한다.

만유인력, 중력, 그리고 반중력

1665년 뉴턴이 만유인력을 발견한 이후 우리는 중력의 시대를 살고 있다. 물론 그 이전에도 중력은 존재했지만 과학적인 이해가 이루어진 것은 뉴턴의 발견 이후부터다. 중력을 이해하기 위해서는 우선 만유인력부터 알아야 한다. 중력은 지구의 만유인력과 자전에 의한 원심력을 합한 힘이기 때문이다. 달리 말하면 지표 근처의 물체를 연직 아래 방향으로 당기는 힘이라고 할 수도 있다. 만유인력이란 우주상의 모든 물체와 물질은 서로 끌어당기는 힘을 가지고 있다는 것이다. 뉴턴은 이를 근거로 사과나무의 사과와 지구 사이에 서로 끌어당기는 힘이 있지만 질량이 훨씬 큰 지구의 끌어당기는 힘이 사과가 지구를 끌어당기는 힘보다 강하기 때문에 사과가 지구로 떨어진다고 밝혔다.

지구가 끌어당기는 힘을 차단하는 물질이나 장치가 존재한다면 우주비행은 전혀 새로운 차원의 시대로 접어들게 된다. 예를 들어 지구에서 달까지 여행을 할 때 반중력장치를 사용하면 지구의 중력을 차단하고 달의 인력만으로 달에 접근할 수 있다. 물론 귀환할 때는 이 같은 메커니즘을 반대로 적용하면 된다.

이 같은 반중력장치를 처음 개발하려고 한 사람은 영국의 존 설 John Roy Robert Searl 박사다. 그는 1952년 원반 모양의 반중력장치를 개발했다고 밝혔다. 이 장치는 티탄, 네오디미움, 철, 알루미늄, 나일론66 등 다섯 가지 재료를 섞어 만든 원통형의 영구자석 주위에 12개의 작은 원기둥형 영구자석을 균일하게 부착시킨 것이다. 또한 그 바깥쪽 역시 원통형 방식으로 처리해 전체적으로는 3중의 자석모형 형태로 만들어졌다. 이 장치의 가운데 원기둥형 영구자석을 전기모터로 회전시키면 주변의 원통형 영구자석도 함께 회전하면서 가장 바깥쪽에 전기가 발생한다. 설 박사는 이 장치가 회전하면서 10만 볼트의 고압이 발생했고, 엄청난 속도로 회전하기 시작하면서 공중으로 떠올랐다고 밝혔다. 특히 전기모터와의 연결선이 끊어진 이후에도 계속 가속하며 하늘 높이 사라져버렸다고 주장했다.

그 후 캐나다의 존 허치슨John Hutchison 박사는 전자기력을 이용한 중력장 조절을 시도했다. 중력장이란 중력이 미치는 공간을 말하며, 중력장의 방향은 중력의 방향과 같다. 그는 인공번개를 만드는 것으로 알려진 테슬라 코일을 마주보게 설치하고 고압을 발생시키면 주변 공간의 물질이 공중에 떠오르는 현상을 발견했다. '허치슨 효과'로 알려진 이 현상은 일시적이지만 중력을 조절할 뿐만 아니라 물질을 파괴하는 것으로 나타났다.

설 박사의 반중력장치와 허치슨 효과에 이르기까지 이들 반중력장치나 반중력 현상은 과학보다 미스터리의 영역에 가깝다는 게 보수적인 학계의 입장이다. 반면 일부 과학자들은 미국을 비롯한 누군가가 이미 반중력장치를 개발해 실용화를 추진하고 있다고 주장한다. 다만 이를 숨기기 위해 반중력장치를 미친 소리쯤으로 치부하고 있다는 것이다. 또한 일부에서는 미국이 외계인과의 교류, 또는 추락한 UFO에서 수거한 외계인을 통해 상당한 과학기술을 이전받았으며, 반중력장치도 그중 하나라고 주장하고 있다.

특히 UFO의 존재를 확신하는 사람들은 UFO의 추진력이 반중력장치에 의한 것으로 믿고 있다. 이들에 따르면 UFO는 지구 대기권으로 진입한 상태에서는 반중력장치를 약하게 가동해 별도의 추진력 없이 상공에 떠 있는 상태를 유지할 수 있다. 또한 보다 적은 에너지가 투입되는 별도의 추진 장치를 이용해 이동하거나 반중력장치를 정밀하게 조절함으로써 상승 및 하강뿐만 아니라 전진 및 후진 등의

영국의 존 설 박사가 개발한 원반 모양의 반중력장치 모형.

비행도 가능하다는 것이다.

　　반면 지구의 중력권을 벗어나기 위해서는 반중력장치를 강력하게 가동함으로써 총알처럼 튀어나가거나 반대로 빠르지 않은 속도로도 지구를 벗어나게 된다는 게 그들의 주장이다. 일반적으로 지구에서 로켓을 발사할 때는 빠른 속도로 지구 중력권을 벗어나야 하기 때문에 마찰이나 충격 등이 발생한다. 만약 천천히 상승하면서도 지구 중력권을 벗어날 수 있다면 대기권 이탈 충격은 그만큼 감소하게 될 것이다.

우주공간 이동은 상대적으로 수월하다

우주공간에서의 이동은 상대적으로 수월하다. 공기 저항이 없는 진공상태의 우주공간에서는 보다 적은 추진력만으로도 이동이 가능하기 때문이다. 현재 인공위성 대부분은 별도의 추진력 없이 지구궤도를 돌고 있는데, 시간이 지남에 따라 지구궤도에서 벗어나거나 고도가 낮아져 지구로 추락하게 된다. 이 때문에 인공위성은 적절한 고도를 유지하기 위해 하이드라진hydrazine이라는 추진제를 사용한다.

　　하이드라진은 독성이 강한 물질로 노출되면 생명이 위험하지만 열을 가하면 기체 상태로 변하며 부피가 크게 팽창한다. 인공위성의 연료탱크에 액체 상태의 하이드라진을 저장했다가 연소실과 같은 분사장치에서 열을 가해 필요할 경우 강력한 기체 분사가 이뤄지도록 하는 것이다. 통상 군사위성의 경우에는 정밀한 감시나 정찰을 위해 고도를 크게 낮췄다가 다시 높이는 활동을 반복하기 때문에 일반적인 상용위성보다 다량의 하이드라진을 탑재하고 있다. 2008년 2월 미국이 고장 난 군사위성인 USA 193을 미사일로 파괴하는 작전을 수행했던 표면적인 이유도 하이드라진 때문이었다. 고장 난 USA 193이 지구로 추락할 경우 여기에 탑재된 약 450킬로그램의 하이드라진이 지구에 노출될 위험이 있었기 때문이다.

물론 UFO가 이 같은 방식으로 우주공간을 비행할 가능성은 크지 않다. 장거리 우주비행을 하기 위해서는 그만큼 많은 양의 연료가 필요하기 때문에 엄청난 크기의 연료탱크가 있어야 한다. 하지만 UFO에는 그렇게 큰 크기의 연료탱크를 탑재하기가 어렵다. 더욱이 속도를 고려하면 이 같은 방식의 비행으로는 거의 불가능하다. 행성 간 또는 다른 태양계를 여행하기 위해서는 초속 30만 킬로미터의 광속에 가깝거나 이 속도를 넘어서는 초광속의 속도가 필요하기 때문이다.

현재 지구의 우주기술로 화성을 다녀오기 위해서는 약 500일이 소요된다. 즉 화성까지 가는 데 240일(8개월)이 소요되고, 돌아오는 것도 이만큼의 시간이 들기 때문에 왕복에 500일 정도가 필요할 것으로 보고 있다. 이 때문에 러시아와 미국 등은 화성 유인탐사를 앞두고 화성탐사 기간인 20일을 포함해 약 500일간 우주비행사가 밀폐된 공간에서 견딜 수 있는지 실험하고 있다. 현재의 지구 기술로는 우주공간에서의 이동은 쉽지만 속도를 내는 것은 그만큼 어렵다는 것이다.

UFO는 플라즈마 엔진을 이용할 가능성도 있다. 이 경우 전기와 같이 플라즈마를 생성할 수 있는 동력원만 있다면 거대한 연료탱크 없이 소형의 동력장치로도 장거리 비행이 가능하게 된다.

하이드라진 Hydrazine

흰색 또는 무색의 액체 화학물질로 화학식은 N_2H_4이다. 암모니아 비슷한 냄새가 나고, 물과 비슷한 밀도를 가지며 물과 비슷한 온도 범위에서 액체 상태로 존재한다. 가연성이 높아 로켓의 연료로 사용되며, 보일러의 물에 대한 산소제거제 등 산업체에서 많이 사용된다. 발암성이 높고 호흡기, 피부, 신경 등에 영향을 미칠 수 있는 유독성 물질로서, 이 물질의 위험성 때문에 컬럼비아 우주왕복선 폭발 사고 당시 당국이 지상에 떨어진 파편에 일반인들이 접근을 제한하기도 했다. 우리나라 산업안전보건법에서는 작업환경측정물질과 관리대상유해물질로 분류하고 있으며, 유해화학물질관리법에서는 유독물로 분류하여 법적으로 규제를 하고 있다.

현재 지구의 우주기술도 플라즈마 엔진을 개발하여 시험하고 있는 것으로 알려졌다. 하지만 그 크기와 출력이 매우 작기 때문에 인공위성에 탑재되는 실험용 정도 수준이다. 반면 UFO가 반물질처럼 강력한 에너지원을 가지고 있다면 보다 강력한 플라즈마 생성이 가능하고, 그만큼 강력한 추진력으로 광속에 가까운 비행을 할 수 있다.

UFO의 또 다른 연료, 우눈펜튬

UFO신봉자들은 한동안 원소번호 115번인 물질이 UFO의 연료라고 주장했다. 이 같은 주장은 밥 라자Bob Lazar라는 핵물리학자의 양심선언에 기초한 것이다. 1959년 출생한 라자는 캘리포니아공대와 MIT에서 물리학과 전자공학을 전공한 뒤 로스알라모스 연구소에서 근무했다고 알려져 있다. 이후 그는 1982년부터 51구역의 비밀연구소에서 근무했으며, 이곳에서 아홉 대의 UFO를 목격했다고 1989년 한 텔레비전 프로그램에서 공개했다. 라자에 따르면 이곳에 있는 아홉 대의 UFO는 외계인의 것과 이를 토대로 지구에서 동일하게 복제한 것이 섞여 있는 것으로 추정된다. 라자는 이곳에서 원소번호 115인 물질에 대해 연구했으며, 이것이 바로 UFO의 연료였다고 주장했다.

현재 원소주기율표에 있는 각종 원소들의 번호는 그 물질이 가진 양성자의 수에 따라 매겨진 것이다. 1940년까지 가장 무거운 원소는 양성자의 수가 92개인 우라늄이었다. 하지만 현재는 우라늄보다 무거운 원소들이 발견되어 118번까지 있다. 다만 원소주기율표상의 원소기호와 번호를 국제적으로 공인하는 국제순수응용화학연합IUPAC이 공인하고 있는 원소는 112번인 코페르니슘(원소기호 cp)까지다.

IUPAC는 새로 발견된 원소가 확인되기 전까지는 임시 이름을 부여하고 있는데, 2003년 110번인 다름슈타튬(원소기호 Ds)을 공인한 이후 2004년 5월 111번인 뢴트겐늄(원소기호 Rg), 그리고 2009년 7월 112번을 공인한 상태다. 과학자들이 발견했다고 주장하는 113번부터 118번까지의 원소는 현재 임시 이름을 사용하고 있으며, 115번은 우눈펜튬(원소기호 Uup)이라는 임시 이름을 갖고 있다. 원소번호 92번인 우라늄 이후의 원소들은 모두 방사성 인공 동위원소이기 때문에 자연계에는 존재하지 않으며, 생성과 동시에 붕괴가 이뤄져 생성하기도 어렵고 확인하기도 쉽지 않다. 우눈펜튬이 UFO의 연료라는 주장이 나오는 것도 같은 맥락에서 볼 수 있다. 현재의 과학적 성과가 말 그대로 발견 수준이기 때문에 이 원소를 둘러싼 음모론이 나오고 있다는 것이다.

하지만 일부 과학자들은 과거에 라자가 목격했다는 것은 외계의 UFO가 아니라 미국이 51구역에서 개발 중인 새로운 형태의 항공기였을 뿐이며, 115번 원소에 대한 연구 역시 핵무기 개발과 연관된 새로운 원소 발견이 목적이었을 뿐이라는 입장을 보이고 있다. 현재 상태에서 원소번호 115번인 물질이 정말 UFO의 연료인지 아닌지에 대해 그 누구도 단언하기는 어려운 실정이다. 또한 이론상으로는 168번 원소까지 만들 수 있다고 알려져 있기 때문에 115번이 아니더라도 UFO처럼 비행하는 비행물체의 연료로 거론될 원소는 많은 상태다.

현재 지구의 과학기술 수준으로는 목격담에 등장하는 형태의 UFO를 개발하는 것이 불가능하기 때문에 실제로 UFO처럼 비행하는 비행물체가 지구상에서 발견되거나 존재한다면 외계 문명의 것일 가능성이 크다. 음모론자들은 미국이 51구역 등의 비밀기지에서 외계 문명으로부터 입수하거나 추락한 UFO를 이용해 복제 UFO를 개발 중이라고 주장한다. 또한 UFO 복제 과정에서 파생된 기술들이 현재 우리가 향유하고 있는 과학기술의 토대가 되고 있다고도 주장하지만 이는 확인이 불가능한 것들이다. 하지만 지구의 독자적인 과학기술을 이용해 수많은 목격담에 등장하는 UFO처럼 비행하는 비행물체를 개발한다면 우주 어딘가 존재할지도 모르는 외계 문명을 찾아나서는 출발점이 될 것이다.

특정인종만 살상하는 유전자 무기

현실화된 소설 속 첨단무기

영국인 분자생물학자 존 로 오닐 박사는 사랑스런 아내와 딸을 둔 행복한 가장이다. 하지만 어느 날 아일랜드공화국군IRA의 폭탄 테러로 가족 모두를 잃게 된다. 슬픔에 빠져 있던 그는 자신의 전공 분야인 유전자 조작기술로 범인들에게 복수를 결심한다. 남녀 유전자에 차이가 있음을 노려 오직 여성만을 공격해 살상하는 바이러스 개발에 나선 것이다. 아내를 잃은 슬픔을 그들도 똑같이 느끼게 하고 싶다는 생각에서였다. 오랜 연구 끝에 바이러스 개발에 성공한 그는 아일랜드, 영국, 리비아에 이를 살포한다. 그들은 각각 IRA를 지원한 죄, IRA를 탄압해 테러를 유발한 죄, 그리고 IRA 테러리스트를 훈련시킨 죄였다. 이 세 나라는 바이러스가 살포된 직후 수많은 여성들이 숨지면서 큰 혼란에 휩싸인다.

이는 공상과학 소설가 프랭크 허버트Frank Herbert의 《페결핵*The White Plague*》(1982)의 줄거리다. 가상 상황이기는 해도 이 소설은 특정 유전자를 보유한 사람만을 선택적으로 살상하는 일명 '유전자 무기Gene Weapon'가 등장한 역사상 최초의 문헌이다. 그런데 출간된 지 20년이 넘은 이 소설이 최근 들어 세인들의 입에 다시 오르내리고 있다. 생명공학 기술의 발달로 오닐 박사가 만든 것과 유사한 유전자 무기가 현실화될 것이라는 전망이 제기되고 있기 때문이다. 정말 가능한 이야기일까. 적어도 불가능하지는 않다는 게 전문가들의 견해다.

학계에서도 인간게놈 프로젝트HGP를 통해 인간 유전체를 구성하는 30억 쌍의 DNA 염기서열이 해독된 이후 유전자 무기가 점차 소설 속 상상의 산물만이 아니라 현실성을 갖춘 무기로 인식되고 있다. 유전자 치료gene therapy에 쓰이는 유전자 조작 및 재조합 기술을 활용해 인체 내 특정 DNA를 공격하는 단백질을 만들어내는 등 생화학적 유전자 무기 개발의 기술적 토대가 마련됐다는 이유에서다.

실제로 일부 국가들은 이미 비밀리에 관련 연구를 시작했다는 의심의 눈초리를 받고 있는 상태다.

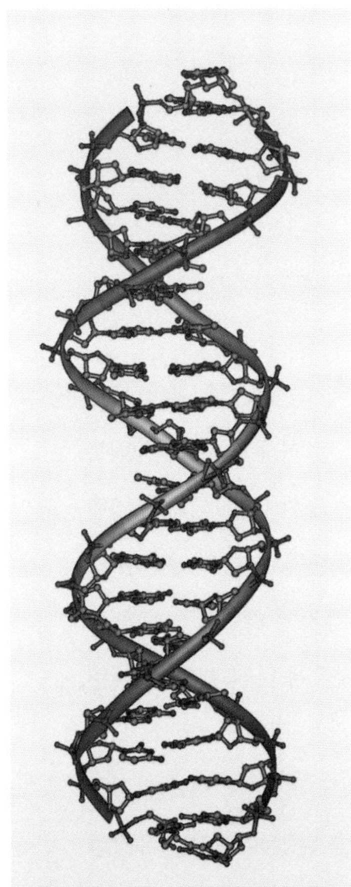

핵산의 일종인 DNA는 유전정보를 담는 화학 물질로 디옥시리보핵산(Deoxyribo Nucleic Acid)이라고 한다. DNA 염기에는 아데닌(A), 티민(T), 구아닌(G), 시토신(C) 네 종류가 있으며 염기의 서열이 바로 '유전정보'를 나타낸다. DNA는 두 가닥의 사슬이 서로 꼬여 있는 2중 나선 구조로 되어 있다.

21세기형 홀로코스트

유전자 무기의 기본 메커니즘은 인체 내의 특정 유전자를 공격해 해당 유전자를 보유

나치정권에 의해 자행된 유대인 대학살의 한 장면. 유전자 무기는 인종은 물론 성별, 눈, 머리카락 등 인체 내의 특정 유전자를 보다 정밀하게 공격하여 사람을 살상하는 것으로 21세기형 홀로코스트가 될 가능성이 높다.

한 사람을 살상하는 것이다. 즉 성별이나 눈, 머리카락, 피부색은 물론 인종, 신장, 비만 등 유전자 차이로 발현되는 신체 특징을 가진 집단은 모두 목표가 될 수 있다. 이론적으로는 파란 눈의 프랑스인 여성, 비만형 남성 동양인 등 타깃을 정밀화하는 것도 가능하다. 생화학무기, 핵폭탄, 방사능 폭탄, 슈퍼 폭탄 등 막강한 파괴력을 가진 대량살상 무기들이 난무하는 상황이라 한편으로 유전자 무기는 그리 대단해 보이지 않는다. 하지만 과학계는 유전자 무기가 핵폭탄을 능가하는 위험성을 가지고 있다며 우려와 경계의 목소리를 높이고 있다. 왜일까.

영국의료학회의 웨인 나단슨 박사는 "일련의 연구 결과, 최근 각 민족이 지닌 고유한 유전자들이 속속 밝혀지고 있다."며 "이 점에서 유전자 무기는 자칫 21세기형 홀로코스트의 도구로 악용될 개연성이 있다는

데 논란의 핵심이 있다."고 설명한다. 적대 세력의 제거, 자원 침탈, 지구촌 패권 장악 등 정치적·군사적·사회적·경제적 목적을 위해 특정 인종이나 민족 전체를 지구상에서 완전히 절멸시키는 반인류적 용도로 쓰일 수 있다는 얘기다. 설령 유전자 무기 보유자가 이 같은 목적을 염두에 두고 있지 않더라도 이들의 적대 세력이 체감하는 불안감은 전혀 달라지지 않는다.

다행스럽게도 아직 이 위험천만한 유전자 무기 개발을 공식으로 천명한 나라는 없다. 하지만 많은 군사 및 유전학 전문가들은 미국과 이스라엘 등 몇몇 국가들을 의심하고 있다. 1990년대 말부터 이들의 유전자 무기 개발 정황이 다수 포착되었기 때문이다. 일례로 1998년 영국의 〈선데이 타임스〉는 생화학무기 연구에 정통한 이스라엘의 한 연구소 소식통을 인용해 "이스라엘이 아랍인의 DNA에만 작용하는 생물학적 유전자 무기를 개발하고 있다."고 보도했다. 이 기사는 이 무기가 인간 베타 디펜신HBD 단백질을 이용해 아랍인 특유의 유전자를 공격하는 방식을 취하고 있으며, 공기나 식수원에 살포될 수 있다고 설명했다. 또한 이 기술은 흑인 차별정책을 펼쳤던 남아프리카공화국에서 연구되다가 극비리에 이스라엘로 넘겨진 것이며, 이에 대한 비밀 보고서가 미국 펜타곤에도 전달됐다고 전했다.

★✪★ 홀로코스트 Holocaust

제2차 세계대전 동안 아돌프 히틀러가 유럽에 있는 모든 유대인을 절멸시키려는 목적으로 자행한 유대인 대학살. 나치 독일은 유대인 외에도 공산주의자, 동성애자, 집시 등을 폴란드 아우슈비츠 같은 집단 수용소에 옮겨 조직적으로 학살하였다. 홀로코스트로 인해 사망한 유대인은 대략 600만 명 정도이며, 나치의 탄압에 의해 죽은 비유대인을 포함시킬 경우 총 사망자 수는 1000만 명에 이른다. 인간의 폭력성을 극단적으로 보여주는 20세기 인류 최대의 치욕적인 사건이다.

2002년 노벨문학상 수상작인 임레 케르테스의 《운명》을 비롯해 스티븐 스필버그 감독의 〈쉰들러 리스트〉 등 홀로코스트를 주제로 한 영화와 소설, 다큐멘터리 등이 제작되었다.

미국의 경우에도 2000년 신보수주의자인 네오콘이 주축이 된 미국 신세기프로젝트PNAC가 '미국 방위 재건Rebuilding America's Defence'이라는 보고서를 통해 인간의 특정 유전자형만을 공격하는 무기 출현을 예고한 뒤 대책 마련을 촉구했다. 특히 폴 월포위츠, 딕 체니, 도널드 럼스펠드 등 대표적 강경파들은 펜타곤에 유전자 무기 연구에 대해 심사숙고해볼 것을 제안한 것으로 알려져 있다.

《에디슨 유전자 The Edison Gene》의 저자이자 정치평론가인 톰 하트만Thom Hartmann은 "유전자 무기에 주목해온 네오콘이 정권을 잡은 뒤 비밀리에 기술개발에 나섰을 가능성을 배제할 수 없다."며 "러시아와 아랍권 국가들이 직간접적으로 적지 않은 불안감을 표명하고 있는 이유가 여기에 있다."고 설명했다.

2007년 5월 러시아는 갑자기 환자의 치료와 진단 같은 정상적 의료 목적을 제외한 자국민의 혈액, 머리카락 등 모든 생체 물질의 해외 반출 금지법을 제정했다. 법 제정의 목적에 대한 설명 없이 이루어진 조치였다. 이를 놓고 현지 언론들은 러시아인을 대상으로 한 미국의 유전자 무기 개발을 막기 위한 것이라고 보도했다. 발표가 있기 몇 주 전 러시아 연방보안국FSS의 니콜라이 파트루셰프Nikolai Patrushev 국장이 푸틴 대통령에게 모종의 보고서를 제출했는데, 여기에 러시아로부터 생체물질을 제공받는 서방기관 중 일부가 유전자 무기 개발 시설로 보인다는 내용이 포함되어 있었다는 것이다. 일간지 〈코메르산트〉는 하버드대학 보건대학원, 미국국제보건연맹, 미법무부 산하 환경·자연자원국, 스웨덴 카로린스카 의학연구소, 인도 게놈연구소 등 5개소를 FSS의 의심을 산 기관으로 지목했다.

또한 2007년 10월에는 이란 혁명수비대의 미르 페이잘 장군이 한 군사무기 관련 국제세미나에서 "이스라엘과 공조한 미국이 유전자 무기 개발을 위해 자국을 포함한 세계 각국 국민들의 인간 유전자은행을 설립하려 한다."며 맹비난하기도 했다.

군사적 활용의 가이드라인 필요

물론 이 모두는 글자 그대로 정황 증거일 뿐이다. 미국과 이스라엘은 이 같은 무기 개발을 전면 부인하고 있으며, 아랍권과 러시아도 구체적이고 신뢰성 있는 증거를 제시한 적이 없다. 그렇다면 유전자 무기는 로스웰 사건, 51구역, 하프 같은 음모론의 소재일 뿐이며 아랍권과 러시아의 피해의식에서 나온 주장에 불과한 것일까.

미국의 유명 음모론 연구가인 제프 렌스는 이에 동의하지 않는다. 그는 "음모론 소재들은 막연한 추정에 근거하지만 유전자 무기는 현실 기술에 뿌리를 두고 있다."며 "민간우주여행선, 하늘을 나는 자동차처럼 지금이 아니더라도 언젠가 현실화될 기술적 문제로 바라보는 것이 옳다."고 말한다. 하트만 또한 "유전자 무기와 관련해 가장 핵심적인 논점은 머지않은 미래에 유전자 무기 제조가 가능해진다는 것이다. 그리고 바로 이 때 인류는 홀로코스트의 악령과 직면하게 될 수밖에 없다."며 "유전자 기술의 윤리적 문제에 더해 군사적 활용과 관련해서도 가이드라인을 정하는 노력을 시작해야 할 필요가 있다."고 강조했다.

지구 안에 또 다른 지구가 있다

중고등학교 때 배웠던 지구 구조를 보면 지구는 안으로부터 내핵, 외핵, 맨틀, 그리고 지각 순으로 층을 이루며 형성되어 있다. 이 가운데 지구 표면을 형성하고 있는 지각의 두께는 35킬로미터 내외다. 물론 해양지각은 상대적으로 두께가 얇아 5킬로미터 내외이며, 반대로 산맥이 있는 곳의 지각은 더욱 두껍다. 그런데 인류가 지구 내부를 파들어 가는 데는 한계가 있어서, 이로 인해 지구 내부가 비어 있고, 그 속에는 지구 표면과 유사한 또 다른 세상이 존재한다는 지구공동설이 제기되고 있다. 과학적 근거까지 제시되며 회자되고 있는 이 가설은 과연 사실일까.

2008년 상영된 영화 〈잃어버린 세계를 찾아서〉는 지구 내부에 빈 공간이 있고, 주인공인 지질학자가 이곳을 탐험하는 내용을 다루고 있다. 우리나라에서는 '잃어버린 세계를 찾아서' 였지만 원제는 '지구 중심으로의 여행Journey to the center of the earth' 으로 프랑스의 탐험소설가 쥘 베른Jules Gabriel Verne이 1864년 발표한 소설을 영화화한 것이다. 주인공은 수년 전 실종된 형의 흔적을 따라 지하세계로 들어가게 되는데, 영화에서 묘사되는 지하세계에는 태양, 바다, 그리고 각종 동식물들이 존재하며, 심지어 지구상에서 멸종된 공룡까지도 나온다. 물론 이는 상상의 날개를 펴 컴퓨터 그래픽을 이용해 만든 것이다. 지구 내부가 비어 있다는 생각은 오래전부터 제기된 것으로, 어느 정도 과학적 근거까지 제시되고 있다.

지구에 대한 정보, 예상 외로 빈약

일반적으로 현대 과학계에서 지구 내부가 비어 있다는 주장은 지구가 평평하다는 것만큼이나 황당한 것으로 치부한다. 하지만 이러한 주장을 신봉하는 과학자들도 여전히 존재하는데, 이는 지구에 대한 인류의 정보가 예상 외로 빈약한 데에 기인한다. 실제로 인류는 지구 표면으로부터 기껏 10킬로미터까지만 굴착해 봤을 뿐이다. 이 때문에 실제 탐사여부를 기준으로 본다면 지구 내부가 비어 있지 않고 핵과 맨틀로 꽉 차 있다는 주장 역시 증명이 되지 않는 것은 마찬가지인 셈이다.

중세 철학자였던 조르다노 브루노Giordano Bruno가 지구공동설을 처음 주장한 이후 핼리 혜성을 발견한 영국의 천문학자 에드먼드 핼리Edmond Halley와 스위스의 수학자 레온하르트 오일러Leonhard Euler 등이 이 같은 주장을 뒷받침했다. 핼리는 1692년 지구 내부에 세 개

지질학자가 지구 내부의 빈 공간을 탐험하는 에릭 브레빅 감독의 〈잃어버린 세계를 찾아서〉 영화 포스터.

의 천체가 있다고 주장했다. 일차적으로 800킬로미터 두께의 껍질이 있고, 이 껍질의 내부에 또다시 금성이나 화성 정도 크기의 껍질이 있는 등 세 개의 천체가 존재한다는 것이다. 이들 껍질은 대기층으로 구분되어 있으며, 서로 다른 속도로 자전하고 있다는 게 에드먼드 핼리의 주장이었다.

에드먼드 핼리의 주장은 요즘 제기되고 있는 지구공동설과는 조금 다르다. 지금은 지구의 지각 밑 부분이 비어 있고, 지구 내부에는 태양과 같이 빛을 내는 물질이 떠 있다는 입장이다. 또한 중력은 지구의 중간쯤 깊이에서 만들어져 인간이 살고 있는 지구 표면은 물론 지구 내부의 표면에도 고르게 작용해 생명체가 정상적으로 살 수 있다는 것이다. 이와 함께 지구의 남극과 북극에는 지하세계와 연결되는 거대한 구멍이 뚫려 있는데, 이 구멍을 통해 지상의 바닷물이 흘러들어가거나 흘러나오는 것으로 보고 있다.

이 같은 주장의 근거로 제시되는 것은 미국 리처드 버드Richard Evelyn Byrd 제독의 비행일지와 NASA의 기상위성이 찍은 북극의 사진 등이다. 버드 제독의 비행일지란 그가 1947년 최초의 북극 비행을 하면서 지하세계로 들어가 목격했던 모습을 남겼다는 것이며, 기상위성이 찍은 북극 사진은 ESSA 7호에 의해 포착된 것으로 마치 지하세계로 통하는 문처럼 뻥 뚫려 있는 구멍이다.

지구 내부가 비어

최초로 북극점을 비행한 미국 탐험가 리처드 버드 제독.

있다고 주장하는 과학자들이 제시하는 근거는 또 있다. 먼저 북극의 엄청난 빙산들이 염분이 함유된 바닷물이 아니라 담수로 만들어졌다는 점이다. 또한 북극 주변에서 발굴되는 동물 화석에 매머드뿐만 아니라 더운 기후에서 사는 각종 포유류의 흔적이 있다는 점과 식물이 없는 북극에 상당한 꽃가루 흔적이 있다는 점도 그들이 주장을 뒷받침한다.

달 내부도 비어 있다

지구 내부가 비어 있다고 주장하는 과학자 중 일부는 달 착륙과정에서 설치된 지진계 관측 결과 달의 내부도 비어 있는 것 같은 현상이 나타났다고 말한다. 당시 분석에 따르면 달에 인위적인 충격을 가한 후 발생한 진동은 약 3시간가량 달 전체에 종처럼 울렸으며, 달 표면으로부터 약 56킬로미터 깊이에서 지진파의 전달속도가 초당 9.6킬로미터에 달하는 것으로 밝혀졌다. 이 같은 지진파의 전달속도는 내부가 비어 있지 않다면 나타나기 어려운 현상이다. 물론 달을 비롯해 수성, 금성, 화성 등에 대한 유인탐사를 통해 정밀측정이 이뤄지기 전까지 이들 위성과 행성 내부에 빈 공간이 있는지 아닌지를 증명할 수는 없다. 이 때문에 달의 내부가 비어 있다는 주장을 반박만 하기도 어렵다.

지구의 경우에는 생성 초기에 가스 상태의 물질들이 하나로 뭉쳐지기 시작하면서 원심력에 의해 무거운 물질들이 지구의 바깥쪽으로 이동했다. 이 무거운 물질들이 굳어지며 지각에 해당되는 단단한 외피를 만들었고, 내부에서는 가스 상태나 액체 상태의 유동성 물질들이 지각의 아래쪽으로 달라붙으며 빈 공간이 생겨났을 수 있다. 달의 생성 역시 이러한 과정을 거쳤다고 보면 내부가 비어 있을 수 있으며, 지각활동을 오래전에 멈춘 달에서는 이 같은 증거를 보다 쉽게 찾아볼 수 있을 것이다.

현재 달의 생성에 대한 가설은 세 가지 정도다. 지구가 생성될 때 함께 만들어졌다는 주장, 초기 지구에 소행성이 충돌하면서 지구의 일부와 소행성의 파편이 떨어져 나가 달을 생성했다는 것, 그리고 달이 다른 곳에서 만들어진 뒤 이동하는 과정에서 지구의 중력권에 붙잡혀 위성이 되었다는 게 바로 그것이다. 이처럼 여러 가지 가설이 제기되고 있는 것은 지구의 위성치고는 달의 크기가 지나치게 크기 때문이다. 달의 직경은 3467킬로미터로 지구 직경 1만2756킬로미터의 27퍼센트, 즉 4분의 1이다. 이는 화성이나 목성의 위성과 크게 대비되는 것으로, 실제 화성의 직경은 6787킬로미터인 반면 가장 큰 위성은 23킬로미터로서 0.34퍼센트 수준이다. 목성 역시 직경이 14만2800킬로미터에 이르지만 13개 위성 가운데 가장 큰 것도 목성의 3.5퍼센트에 불과하다.

지구공동설과 달 분화구의 관계

이 같은 가설 중 지구공동설과 관련된 것은 소행성 충돌에 의한 달의 생성이다. 지구와 나이가 비슷한 달이 지구의 소행성 충돌로 생겨났고, 그 속이 비어 있다면 지구 역시 내부가 비어 있을 가능성이 보다 커지기 때문이다. 달의 내부가 비어 있다는 주장의 근거 중 하나는 분화구 형태다. 달에는 대기층이 없어 소행성 충돌로 인한 분화구인 크레이터가 그대로 남아 있다. 물론 지구에서는 대기층으로 인한 침식, 퇴적 등의 과정으로 인해 분화구 흔적을 찾아보기 힘들다.

문제는 달 분화구의 깊이가 지나치게 얕다는 것이다. 지구공동설을 주장하는 과학자들은 달의 내부가 비어 있기 때문에 이처럼 분화구의 깊이가 얕아졌다고 분석하고 있다. 달의 분화구를 분석해보면 직경 25킬로미터 이하의 소형 분화구들은 중심부가 움푹 파인 전형적인 사발구조를

지구공동설을 주장하는 과학자들은 소행성 충돌로 생긴 달의 분화구 깊이가 지나치게 얕은 것은 달의 내부가 비어 있기 때문이라고 분석하고 있다.

가지고 있다. 반면 직경 25~130킬로미터 크기의 중형 분화구들은 중앙부가 봉우리처럼 솟아오른 구조를 갖고 있다. 그리고 직경 130킬로미터 이상 크기의 대형 분화구들은 크기에 비해 깊이가 더욱 얕으며, 평평한 중심부는 달의 표면곡률과 일치하는 볼록한 양상을 보이고 있다. 또한 분화구를 중심으로 물결의 파문이 퍼져나가는 것과 같은 동심원의 흔적을 가지고 있다.

이를 분석하면 다음과 같은 결론을 유도해낼 수 있다. 작은 소행성이 충돌했을 때는 속이 비어 있는 달의 지각 표면에만 영향을 주기 때문에 전형적인 사발구조의 분화구가 만들어진다. 반면 대형 크기의 소행성 충돌이 일어났을 때는 2단계에 걸쳐 분화구가 생성된다. 속이 비어 있는 달의 지각을 찌그러트릴 정도의 압력이 가해지면 달의 지각은 충돌압력에 의해 잠시 밀렸다가 이에 대한 반발력으로 다시 튀어 오른다는 것이다. 속이 비어 있는 공을 눌렀을 때 반발력으로 원상 복구되는 경우와 같다. 중형 크기의 분화구는 달의 지각을 찌그러트릴 정도의 충돌압력이 아니지만 상당한 압력을 받았기 때문에 사발구조가 아니라 중앙부가 봉우리처럼 솟아오른 형태가 되었다는 설명이 가능해진다. 이는 잔잔한 수면에 물방울이 떨어졌을 때 물방울이 튀어 오르는 것과 같은 현상으로 보면 된다.

지구공동설을 설명하는 대륙이동설

지구의 각 대륙이 한 덩어리였다가 분리됐다는 대륙이동설도 지구 내부가 비어 있다는 가설을 설명하는 이론적 배경으로 작용하고 있다.

1915년 독일의 기상학자 알프레트 베게너Alfred Wegener는 지구가 초기에는 판게아라는 거대한 대륙이었지만 점차 분리되어 현재와 같은 형태가 됐다는 대륙이동설continental drift theory을 주장했다. 남미의 동해안과 아프리카 서해안의 해안선이 맞물리며, 다른 지역도 퍼즐 맞추듯 짜 맞추는 것이 가능하다는 것이다. 당시 학계는 베게너의 주장을 묵살했다. 하지만 각 대륙의 맞물리는 지역에서 유사한 동물 화석이 발견되고 비슷한 기후변화가 입증되자 1968년 대륙이동설에 기초한 판구조론이 만들어졌다. 판구조론은 지구의 지각이 몇 개의 판으로 만들어졌으며, 지구의 지각활동에 의해 이 판들이 서로 밀어내는 작용에 의해 대륙이 움직인다는 것이다.

지구 내부가 비어 있다고 주장하는 과학자들은 대륙이동설에 동의한다. 하지만 왜 대륙이 움직였는지에 대해서는 다른 해석을 하고 있다. 그들은 지구가 생성된 이후 수억 년 동안 지구가 팽창함으로써 대륙 이동이 이뤄졌다고 주장한다. 풍선에 현재 지구의 각 대륙을 거의 맞붙은 상태로 그려넣고 바람을 넣어 부풀리면 대륙 간의 간격은 멀어지게 된다. 지구도 바로 이 같은 팽창을 통해 대륙 이동이 이뤄졌다는 게 지구공

⭐ 대륙이동설 Continental drift theory

독일 기상학자 알프레트 베게너가 제창한 학설로, 원래 하나의 초대륙으로 이뤄져 있던 대륙들이 점차 갈라져 이동하면서 현재와 같은 형태로 만들어졌다는 이론이다. 1912년 《대륙의 기원Die Entstehung der Kontinente》에서 베게너는 지질, 고생물, 고기후 등의 자료를 바탕으로 대서양의 양쪽 대륙이 각각의 방향으로 표류하였다고 주장했다. 그리고 1915년에는 《대륙과 해양의 기원Die Entstehung der Kontinente und Ozeane》에서 '판게아'라는 초대륙(거대한 육괴)이 존재했고 약 2억 년 전에 분열한 뒤 표류하여 현재의 위치와 모습을 가지게 되었다고 발표했다. 하지만 대륙 이동의 원동력을 설명할 수 없어 그의 학설은 학계로부터 인정받지 못했다. 대륙을 이동시키는 힘은 베게너 이후 다른 학자들에 의해 맨틀의 대류로 제시되었으며, 대륙 이동설은 판 구조론으로 발전되었다.

동설을 주장하는 과학자들의 해석이다. 특히 부풀어 오르는 면적이 큰 적도 부근은 대륙의 간격이 보다 멀어지게 되고, 극지방으로 갈수록 대륙 간 간격은 좁아지게 된다. 이 가설은 현재 지구의 대륙분포와 그럴듯하게 맞아 들어가며 지구가 팽창함으로써 내부가 비게 되었다는 강력한 근거가 되고 있다.

지구공동설에 대한 여러 가지 반론

지구공동설에 대한 반론도 만만치 않다. 우선 버드 제독의 비행일지가 존재했던 것은 사실이지만 그 내용이 정말 지하세계를 묘사했는지는 불확실하다. 북극 위성사진 역시 NASA가 공식적으로 발표한 것이 아니다. 그리고 북극 주변지역에서 매머드는 물론 각종 포유류의 흔적이 발굴되고 있는 것은 과거 이 지역이 생물이 살기 좋은 아열대 기후였다는 것으로 설명될 수 있다. 지하세계에서 빠져나온 동물이 죽어서 화석이 되었다는 주장은 비약에 가깝다. 또한 북극의 빙산 대부분이 담수 성분인 것은 눈이 쌓여 만들어졌기 때문이다. 바닷물이 어는 과정에서는 수분이 먼저 얼기 때문에 염분은 모두 빠져나간다. 한마디로 바닷물을 급속하게 얼리는 경우가 아니라면 염분은 모두 빠져나가게 되어 있다.

달의 분화구가 지구공동설과 관계있다는 주장도 논리적 허점이 많다. 달의 분화구가 얕은 것은 소행성 충돌로 인한 엄청난 충격파에 의해 솟아오른 파편들이 다시 가라앉았기 때문이다. 팽창에 의한 지구공동설 역시 지구가 왜 팽창했느냐에 대한 이론적 근거가 취약하다.

부착이론에 따르면 지구 같은 암석 형태의 행성은 크고 작은 운석과 소행성의 충돌로 부피가 커졌다고 한다. 이는 1994년 슈메이커 레

비Shoemaker-Levy 혜성이 목성에 충돌한 후 약 일주일이 경과한 시점에 목
성의 부피가 이 혜성 크기만큼 커졌다는 것으로 입증되기도 했다. 즉 지
구의 팽창이 아니라 외부 충돌로 인해 현재의 크기로 성장했다고 보면
지구 속이 비어 있다는 근거로 사용된 지구 팽창 가설은 더욱 힘을 잃게
된다.

물론 지구의 내부를 직접 탐사하기 전까지는 내부가 핵과 맨틀로
꽉 채워졌다는 이론도 확신할 수는 없다. 결국 미지의 우주로 향한 탐사
뿐만 아니라 인간이 살고 있는 지구에 대한 연구가 확대되어야 지구 속
이 비어 있는지 또는 채워져 있는지 알 수 있을 것이다.

풀리지 않는
일상의 수수께끼 데자뷰

분명히 처음인데도 언젠가 겪었던 일 같은 느낌을 받을 때가 있다. 이런 현상을 데자뷰라 한다. 거의 모든 사람이 경험하는 데자뷰를 가리켜 일 각에서는 기억장애의 일종이라 하고, 또 다른 한편에서는 과학적으로 증명할 수 없는 초자연적 현상이라 말한다. 과연 진실은 무엇일까.

카레이싱 대회의 관중석에 앉아 있던 닉은 갑자기 불길한 전조를 보게 된다. 자동차들이 연쇄충돌을 일으켜 건물이 무너지면서 자신과 친구들을 덮치는 끔찍한 환상이 과거의 기억처럼 생생하게 스쳐간 것이다. 이상한 기분에 휩싸인 닉이 친구들을 이끌고 경기장을 막 빠져 나오는 순간, 그의 환상은 이내 현실이 된다. 이것은 인기 공포영화 〈데스티네이션Final Destination〉의 한 장면이다. 영화에서 일종의 예지력을 발휘하는 주인공은 사고를 모면한 친구들의 목숨을 구하기 위해 동분서주해 보지만 안타깝게도 차례로 처참한 죽음을 맞는다.

알 수 없는 기시감

영화 속 예지력과는 다소 다르지만 분명 처음 맞닥뜨린 상황이고 처음 와본 장소임에도 불구하고 어쩐지 경험한 적이 있는 듯한 익숙한 느낌을 데자뷰Deja vu라 부른다. '이미 봤다'는 의미의 프랑스어로서 우리말로는 기시감既視感이라 표현한다. 이러한 데자뷰는 빙의, 예지, UFO 목격, 외계인 납치 등 과학적으로 증명하기 어려운 대다수 미스터리들처럼 극소수의 사람들만이 경험하는 특별한 현상이 아니다. 사실상 모든 사람들이라고 해도 무방할 만큼 무수히 많은 사람들이 일상생활 속에서 데자뷰를 경험하며 살아간다. 길을 가다가, 밥을 먹다가, 친구와 대화를 하다가도 순간적으로 데자뷰가 찾아온다. 시쳇말로 믿거나 말거나 식의 음모론적 현상은 아니라는 얘기다.

대개의 사람들은 데자뷰를 겪을 때마다 꿈속에서 본 것은 아닐까 하는 생각을 한다. 하지만 그 느낌이 너무나도 선명할 때는 정확히 기억이 나지 않을 뿐 정말로 경험을 했을지도 모른다는 의구심에 빠져든다. 과연 데자뷰는 왜, 무엇 때문에 나타나는 것일까.

데자뷰를 학술적으로 언급한 최초의 사람은 1900년 프랑스 의학자 플로랑스 아르노Florance Arnaud로 알려져 있다. 이후 초능력을 연구하던 심리학자 에밀 보아락Émile Boirac이 1917년 《초심리학의 미래L'Avenir des Sciences Psychiques》에서 데자뷰라는 단어를 처음으로 사용했다. 당시 보아락은 데자뷰가 뇌의 신경화학적 요인, 즉 뇌의 이상에 의해 유발된다고 해석했다. 그러나 지금까지도 데자뷰의 실체가 명확히 증명된 바는 없다. 어디까지나 개인적 감각의 문제라는 점에서 실체 규명이 쉽지 않으며, 실험을 통해 데자뷰를 인위적으로 재현할 수도 없다는 점이 과학적 연구를 가로막는 커다란 장애라는 분석이다. 들리는 바에 의하면 보아락도 오랫동안 데자뷰를 경험하지 못해 전전긍긍했다고 한다.

이런 이유로 이 현상의 원인이 기억과 관련된 것인지, 뇌의 비정
상적 작용에 의한 것인지, 아니면 혹자들의 주장처럼 초현실적 현상인지
는 아직 분명하지 않다. 그에 대한 가설들만이 다양하게 제기되고 있을
뿐이다.

기억의 변조

데자뷰에 대한 가장 일반적인 견해는 기억의 재현 혹은 변조로 보는 것
이다. 뇌는 방대한 기억을 수용하며, 잠깐 지나친 것도 잊어버리지 않고
뇌세포 속에 저장한다. 하지만 뇌는 경험을 기억하는 일에 자신의 능력
을 모두 사용할 수 없기 때문에 경험의 전체가 아닌 핵심적 정보만 저장
한다. 또한 모든 경험을 의식적 단계에 저장해놓지도 않는다. 자주 꺼내
쓰는 중요한 기억들을 제외한 대다수 경
험은 무의식 속에 들어 있다. 이 무의식적
기억은 그와 유사한 경험을 다시 하거나
다른 사람에 의해 깨우쳐지는 등 외부 자
극에 의해 되살아난다. 오랜만에 친구를
만나 학창시절 얘기를 하다보면 잊혔던
기억이 새록새록 떠오르는데 이것이 무의
식적 기억이 의식화되는 과정이다.

많은 학자들은 데자뷰 역시 이 같
은 무의식적 기억의 하나로 본다. 특히 무
의식적 기억으로 저장되는 과거의 정보에
는 실제 생활에서 직접 경험한 일뿐만이

토니 스콧(Tony Scott) 감독의 〈데자뷰〉
(2006)는 누구나 한번쯤 경험했을 데자뷰 현
상을 통해 문제를 해결하고 있으며, 감독 또한
데자뷰에 초점을 맞춰 영화를 찍었다고 한다.

아니라 책이나 TV 등에서 보고 들은 것도 포함될 수 있다. 이 점을 감안하면 매일 정보의 홍수 속에서 살아가는 현대인이 단순한 생활패턴을 지녔던 옛날 사람들보다 훨씬 자주 데자뷰를 겪는 것은 너무나 당연한 일이다.

이와 관련하여 오스트리아 로젠휘겔신경과학연구소의 조셉 스팟 Josef Spatt 박사는 '패턴인식' 가설을 제시했다. 그에 따르면 자극이 비슷하면 활성화되는 뉴런도 비슷하다. 따라서 신경 파장의 비슷한 발화 패턴이 조금 다른 경험을 데자뷰처럼 친숙한 경험으로 인식하게 만든다는 것이다. 이는 앞서 언급한 뇌의 기억저장 메커니즘과도 맞닿아 있다. 뇌는 경험을 간략화시켜 기억으로 저장하므로 주요 특징이 유사하면 동일한 경험처럼 오해할 개연성이 충분하다. 물론 여기에는 심각한 오류가 있다. 이 가설은 "이 사람은 누군가와 닮았는데?", "여기 분위기가 어딘가와 비슷한데?"와 같이 우리의 또 다른 일상적 느낌과 데자뷰의 차이를 설명하지 못한다. 그렇다고 가설 자체가 완전히 틀렸다고 볼 수는 없다. 닮았다는 느낌과 데자뷰에는 작은 차이가 있을 뿐 뇌의 근본적 발화 패턴은 동일할 가능성이 있기 때문이다. 이후 스팟 박사는 데자뷰를 놓고 뇌의 신경세포가 전혀 다른 자극을 동일한 것인 양 잘못 반응하여 발화한 것, 다시 말해 기억의 오류라며 자신의 가설을 보완하기도 했다.

뇌의 착각

이와 유사한 다른 가설도 있다. 사람은 무의식적으로 마음에 드는 것만 기억하려는 본능이 있고 심지어 자기 취향에 맞도록 사실을 꾸미기도 한다는 점에서 기억의 변조가 일어나 데자뷰를 경험할 수 있다는 것이다. 아울러 심리적으로 데자뷰를 해석하는 이들도 있다. 사람은 보통 처음 경험하는 일에 대해 두려움을 갖기 마련이어서 본능적으로 이미 경험한 일이라고 자기 암시를 걸어 두려움을 떨치려고 하며 이 과정에서 데자뷰가 일어날 수 있다는 주장이다. 몇몇 심리학자들은 데자뷰가 인간의 내면 깊숙이 감춰져 있던 소망이나 욕구가 돌출되는 소망실현의 수단이라고 설명하기도 한다. 자신이 오래도록 간절히 원한 경험이라면 비록 그것이 처음이라도 낯설지 않을 수 있다는 것이다.

의학계는 어떨까. 이들은 이성적·과학적 관점의 분석을 위해 기억 및 심리적 요인보다는 신경화학적 요인에 주목한다. 그중 가장 대표적인 가설은 뇌의 활동을 통해 데자뷰를 설명하는 것이다. 사람의 기억은 대뇌 측두엽의 해마 부위에서 입출력 과정을 거쳐 형성된다. 측두엽은 두뇌의 양옆, 즉 귀의 안쪽 윗부분에 해당되는 뇌 영역이며 측두엽 안쪽에 해마방회海馬傍回가, 그보다 더 안쪽에 해마가 위치하고 있다. 여기서 해마는 우리가 의식적으로 어떤 것을 기억할 때 쓰이는 부위이며, 해마방회는 실제 기억과 무관하게 어떤 것이 친숙한지 아닌지를 결정하는 역할을 한다. 따라서 해마방회가 활발히 작용하면 어떤 특정한 장면을 마치 기억하고 있었던 것처럼 친숙하게 느낄 수 있다. 일부 연구자들은 이것을 데자뷰의 근원으로 보고 있다.

이와는 다른 견해로 데자뷰 현상이 측두엽 간질과 관련 있다고 보는 연구자도

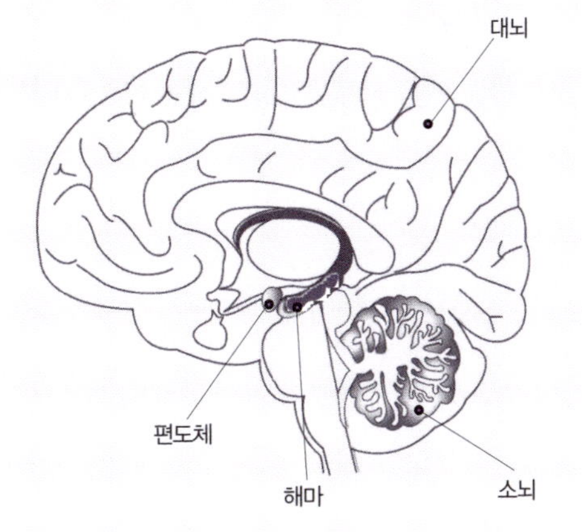

인간의 기억을 주관하는 대뇌 측두엽의 해마 부위 기능 이상으로 데자뷰 현상이 나타난다는 일부 의견이 있다.

있다. 측두엽에 발작이나 경련이 일어나는 측두엽 간질로 인해 감정 및 기억의 처리 과정을 수행하던 신경세포들이 비정상적으로 활동해 데자 뷰가 나타난다는 설명이다. 측두엽 간질 환자들 중 만성적인 기시감을 호소하는 사람이 유독 많다는 연구 결과도 이 같은 주장을 뒷받침한다. 일반적인 사람들이 느끼는 데자뷰는 이들 환자들의 발작 증세와는 큰 차 이가 있지만 말이다. 특기할 만한 사실은 앞서 언급됐던 가설들이 특정 한 외부 자극에 의해 데자뷰가 유발된다고 주장하는 것에 반해 측두엽 간질 이론은 외부 자극과는 전혀 무관하다고 본다는 점이다. 결과적으로 신경화학적 요인에 기반한 몇몇 가설들은 어느 측면에서 데자뷰를 뇌질 환의 일종으로 본다고도 말할 수 있다. 이는 처음 데자뷰를 명명했던 보 아락의 견해와도 일치하는 부분이다.

0.025초의 오차

이처럼 두뇌와 직접 관련된 가설들로 미뤄 볼 때 데자뷰 경험 빈도가 일 상생활에 지장을 초래할 정도로 잦거나 강도가 심하다면 어떤 병증을 의 심해 볼 수도 있다. 가령 전문가들은 정신질환자의 경우 일반인에 비해 데자뷰 현상을 자주 겪고 그 기간도 오래 지속될 수 있다고 설명한다. 또 한 환청이나 망상 등 기타 정신병적 증상을 동반할 수도 있다고 말한다. 이와 관련하여 불안장애, 해리장애, 기분장애, 성격장애 등 정신질환을 앓고 있는 환자들에게서 주로 관찰된다고 밝힌 연구도 있다. 당시 연구에서는 그 원

★ 해마 Hippocampus

인간의 뇌에서 기억의 저장과 상기에 중요한 역할을 하는 기관으로, 변연계의 양쪽 측두엽에 있다. 해마 는 서술기억을 처리하는 장소로 단기기억이나 감정 에 관한 기억은 담당하지 않으며, 좌측 해마는 최근 의 일을 기억하고, 우측 해마는 태어난 이후의 모든 일을 기억하는 것으로 알려져 있다. 뇌에서 신경단 위세포가 생성되는 몇 안 되는 영역 가운데 하나로 동물과 사람 모두에게 존재한다.

인이 주로 피로감, 스트레스 등으로 진단됐다.

한편 데자뷰와 정신적 혹은 신경화학적 작용은 전혀 무관하다는 주장이 나오기도 했다. 가장 흥미로운 것은 미국의 물리학자 존슨 박사가 내놓은 시각과 관련한 가설이다. 이 가설의 지지자들은 데자뷰를 단지 눈과 연계해 해석하고 있다. 사람의 두 눈은 동시에 어떤 사물을 바라보는 것이 아니라 아주 찰나의 시간차가 있으며 이러한 차이로 인해 뇌가 데자뷰를 일으킬 수 있다는 것이 가설의 핵심이다. 구체적으로 인간이 바라보는 사물은 두 개의 눈을 통해 뇌 뒤쪽의 시각피질로 전달된다. 그런데 두 눈의 시각경로에서 전달되는 정보의 속도가 서로 다르고, 시각피질로의 정보 도착 시간이 0.025초 이상 벌어지면 뇌가 두 정보를 하나로 통합하지 못해 별개의 정보로 인식할 수 있다. 먼저 도착한 정보 속에 어떤 원인에 의해서든 '언제' 라는 정보가 누락됐다면 뇌는 그것을 과거의 경험으로 인지하게 되고, 0.025초 늦게 동일한 정보가 도착했을 때 데자뷰를 일으킨다는 것이 존슨 박사의 판단이다. 데자뷰를 유발하는 양안의 정보 전달 시간차이가 0.025초라는 점에서 일명 '0.025초 지연설' 이라고도 불린다.

0.025초는 어떻게 계산된 수치일까. 명확한 근거는 알 수 없지만 존슨 박사는 자신의 논문에서 "독립된 두 개의 사건도 0.025초보다 짧은 시간차를 갖고 시각피질에 전달되면 뇌가 하나의 사건으로 인지하고 0.025초를 넘어서면 동일한 사건도 별개의 사건으로 인식된다."고 밝혔다. 더불어 존슨 박사는 한쪽 시신경이 무리를 하면 재충전 시간이 필요해 다른 쪽 시신경과의 정보 전달 속도에 차이가 생길 수 있다고 말하고 있다.

하지만 이 가설도 허점이 있다. 일련의 과학자들이 직접 실험을 통해 한쪽 눈의 시력을 상실한 사람들의 경우 일반인보다 데자뷰 경험 빈도가 현저히 떨어진다는 결과를 도출했지만 이는 곧 한쪽 눈으로만 사물을 바라보는 사람들도 어쨌든 데자뷰를 겪고 있음을 의미하기 때문이다.

전생의 체험

데자뷰를 둘러싼 가설들을 보면 하나같이 그럴 듯하지만 그렇다고 속 시원한 해답을 주는 것도 없다. 이런 틈새를 파고든 것이 초자연적 논제로 데자뷰를 풀이하려는 시도다. 이 부류의 사람들은 대개 전생이라는 개념을 들이댄다. 현생을 살기 전 전생에서 겪었던 일이 데자뷰로 불현듯 떠오르는 것이라는 주장이다. 이들에게 데자뷰는 환상이 아닌 과거인 셈이다.

다중우주론도 데자뷰를 설명할 때 자주 등장하는 용어다. 이는 무수히 많은 동일한 우주가 평행적으로 존재한다는 가설로서 다른 차원에 살고 있는 또 다른 '나'가 봤거나 경험한 것을 무의식적 교감을 거쳐 자신의 경험으로 인지하여 데자뷰가 촉발된다는 설명이다. 30년 전 사망한 사람의 삶을 똑같이 살게 된다는 내용의 영화 〈평행이론〉도 이에 그 이론적 근간을 두고 있다고 할 수 있다.

당연한 얘기지만 이와 같은 초자연적 영역의 가설들은 객관적 정보가 전혀 없어 타당성을 논하는 것 자체가 불가능하다. 실험으로 증명할 방법은 더더욱 없다. 따라서 세인들의 흥미를 끄는 '설'로만 회자될 뿐이다.

참고로 데자뷰와는 정반대 개념으로 늘 겪는 익숙한 상황임에도 불구하고 어느 날 갑자기 너무나 낯설어 보이는 자메뷰Jamais vu가 있다. 데자뷰에 비해 경험자가 많지 않기에 그만큼 알려진 것도 없는데 현대에 들어 기억상실증의 일환으로 해석하는 움직임이 있지만 아직은 미지의 상태로 남아 있다.

　　눈부신 과학과 의학기술 발전으로도 지극히 일상적인 이러한 현
상들이 질병인지 단순한 착각인지 아니면 초자연적 현상인지 규명되지
못하고 있다. 그런 탓인지 데자뷰와 자메뷰는 현재 친구들과의 흥미로운
담소 주제나 SF영화의 소재일 뿐이다. 하지만 먼 훗날에는 우리 자신을
보다 심도 깊게 이해하고 탐구할 수 있는 중요한 단서가 될지도 모를 일
이다.

인간만이
우주의 유일한 지적 생명체일까

"우주는 굉장히 넓어. 그 어떤 것보다 거대하지. 이처럼 거대한 우주에 지능을 가진 생명체가 우리 인간뿐이라면 그건 우주 공간의 엄청난 낭비일 거야." 외계와의 교신을 주제로 한 SF영화 〈콘택트〉에 등장하는 대사다. 과학적이라기보다 철학적 관점에 가까운 말이지만 외계인의 존재를 부정하는 사람들의 마음까지 뒤흔든 명대사로 꼽힌다.

막대한 공간의 낭비

사실 외계 생명체에 대한 인류의 관심은 어제오늘의 일이 아니다. 지구가 세상의 전부가 아니며 우주공간에 지구와 유사한 행성들이 수없이 존재한다는 사실을 알게 된 후부터 인류는 인간과 비슷하거나 선진화된 문명을 영위하는 외계인이 존재할 수 있다는 생각을 해왔다. 이 같은 생각은 곧바로 외계인이 등장하는 다양한 책과 영화, 드라마, 만화, 게임들로 나타났다. 고대와 중세에 벽화 등을 통해 외계인 혹은 외계문명을 다룬 선구적이고 원형적인 형태의 공상과학물들이 다수 만들어졌으며 이는 지금까지도 다양한 모습으로 변주되고 있는 상태다.

특히 1898년 허버트 조지 웰스 Herbert George Wells 의 《우주전쟁 The War of the Worlds》은 선진화된 외계인이 지구를 침공한다는 개념을 처음 제시한 작품으로 유명하다. 영국의 후기 빅토리아 시대에 첨단 무기를 지닌 화성인이 지구를 침공한다는 내용의 이 소설은 지구 외에도 지적 생명체가 존재한다는 가정으로, 자신들이 유일한 지적 생명체라고 믿고 있던 인간의 무지와 오만을 산산이 부서뜨린다.

현재 대중문화에 나타나는 외계문명은 과거에 비해 한층 구체적이다. 일례로 어린이들에게 선풍적 인기를 끌었던 일본 애니메이션 〈개구리 중사 케로로〉는 예상치 못한 상황에 빠져 지구 침략을 보류하고 있던 외계인의 좌충우돌 스토리를 다루고 있다. 이 외에도 영화 〈E.T.〉를 비롯해 〈스타워즈〉, 〈에일리언〉, 〈프레데터〉, 〈아바타〉 등 무수한 공상과학물에서 다양하고 세밀한 모습의 외계인과 외계 문명이 그려지고 있다. 외계인을 주제로 한 공상과학물은 이제 식상할 정도로 흔한 것이 되었다.

스티븐 스필버그(Steven Spielberg) 감독의 영화 〈E.T.〉(1982)의 한 장면.

그렇다면 이 우주 어딘가에 우리와 비슷한 지적 생명체가 살아가고 있을까. 이에 대해 그동안 많은 과학자들은 비교적 회의적인 입장을 취해왔다. 생명체의 존재 가능성이 있는 지구형 행성은 그리 많지 않으며, 그 행성들조차 생명체가 살기에는 너무 가혹한 환경을 지녔다는 이유에서다. 지구에서 42광년 거리에 있는 GJ 1214b 행성이 그 실례다. 2009년 말 처음 발견된 이 행성은 행성 표면의 75퍼센트가 생명의 근원이라 할 수 있는 물과 얼음으로 추정되지만 평균기온이 섭씨 204도나 되고 기압은 지구의 200배여서 과연 생명체가 살 수 있을지 의구심이 크다.

외계 지적 생명체는 없다고 주장하는 측에서 제시한 가장 최근의 자료는 2008년 4월 영국 이스트 앵글리아대학의 앤드류 왓슨Andrew Watson 교수가 과학저널 《우주생물학》에 발표한 논문이다. 왓슨 교수는 논문에서 "외계 지적 생명체의 존재 확률은 극히 미미하며 현 시점에서 지적 생명체가 살 수 있는 행성은 지구가 유일하다."고 밝혔다. 그는 "하나의 생명체가 지적 생명체로 진화하기 위해서는 4단계에 이르는 위기의 관문을 통과해야 하는데 각 단계마다 생명체가 진화에 성공할 가능성은 10퍼센트가 되지 않는다."고 주장했다. 이 주장대로라면 단세포 박테리아가 다세포 생물, 복합생물체를 거쳐 지적 생물체로 진화할 확률은 지구를 기준으로 봤을 때 0.01퍼센트에도 미치지 못한다.

또한 2008년 독일과학기자협회 주최 세미나에서 독일항공우주센터의 우주생물학자 게르다 호르네크 박사도 "지구 이외의 외계 행성에 생명체가 존재할 가능성은 매우 높지만 인간과 비슷한 지적 생명체의 모습은 아닐 것"이라고 밝혔다. 미생물 유기체나 바이러스, 혹은 동물 수준의 지능이 낮은 생명체라면 몰라도 최첨단 UFO의 주인들은 만나기 어려울 것이라는 얘기다.

하지만 이러한 주장에도 불구하고 아직 우리가 모르는 머나먼 외계에 고도의 문명과 과학발전을 이룬 지적 생명체가 존재한다고 믿는 사람들은 여전히 많다. 이들은 현재 인류가 지닌 과학 지식과 지구 환경에 기반한 추정만으로는 지적 생명체의 존재 유무를 단언하기 어렵다고 강조한다. 사실 우주에 대한 인류의 지식이 극히 일부에 불과하기 때문에 우주 어딘가에 물과 대기가 없어도 살 수 있고 초고온, 초저온, 초고기압의 극한 환경에 적응한 지적 생명체가 있을 개연성마저 부정하기는 어려운 게 사실이다. 그들은 지금 이 순간에도 어딘가에 존재할지 모른다. 다만 우리의 탐색 능력이 아직 부족한 것일 수도 있다.

전파로 지적 생명체 존재 규명

외계 지적 생명체를 처음으로 탐사한 것은 1960년 미국 프랭크 드레이크Frank Drake 박사의 '오즈마 프로젝트Ozma Project'였다. 다른 행성의 지적 생명체를 찾으려는 첫 시도였던 이 프로젝트에서 드레이크 박사는 미국 웨스트버지니아 그린뱅크 인근에 직경 25미터의 전파망원경을 설치하고, 고래자리 타우별과 에리다누스자리 엡실론별로 망원경의 초점을 맞췄다. 지구에서 비교적 가까운 두 별에 딸린 어느 행성에서 왔거나, 그 행성들 사이를 오가는 전파를 잡아보려는 시도였다.

드레이크 박사는 외계인의 존재 여부를 왜 전파로 확인하려 했던 것일까. 그 이유는 간단했다. 발달된 문명을 갖춘 지적 생명체라면 지구인처럼 TV와 라디오, 휴대전화 같은 전파로 통신이 가능한 문명을 가졌을 것으로 판단했기 때문이다. 따라서 이러한 통신기기에서 흘러나온 전파가 포착된다면 이는 곧 외계인, 그것도 지적 생명체의 존재를 알려주는 확실한 지표가 된다고 믿었다.

오즈마 프로젝트는 이렇다 할 인공 전파의 포착에 성공하지 못했지만 외계지적생명체탐색 SETI 프로젝트의 근간이 됐다. SETI는 오즈마 프로젝트와 마찬가지로 우주에서 탐지되는 온갖 전파 속에서 특정한 반복적

오즈마 프로젝트를 통해 다른 행성에 존재하는 지적 생명체를 찾으려고 처음으로 시도했던 프랭크 드레이크 박사.

패턴을 보이는 신호, 다시 말해 인위적인 것으로 판단되는 신호를 찾아내는 것이 목표다. 미국 SETI연구소를 비롯해 캘리포니아대학, 호주 웨스턴시드니대학 등을 중심으로 관련연구가 다양하게 전개됐다. 특히 SETI연구소는 2007년 마이크로소프트 공동창업자인 폴 앨런Paul Allen의 기부금을 바탕으로 350대의 SETI전용 전파망원경을 구동하는 앨런망원경어레이ATA 프로젝트를 출범시켰다. 현재 45대의 전파망원경이 운용되고 있는 ATA 덕분에 SETI는 더 이상 전파망원경을 빌려 쓰지 않고 외계지적 생명체 탐사에 모든 연구역량을 집중할 수 있게 됐다.

아직도 진행 중인 우주에 대한 탐험

SETI 프로젝트는 'SETI@HOME'으로 확대되어 재도약의 기틀을 구축한 상태다. 1999년 시작된 이 프로젝트는 전파망원경이 수신한 전파 신호를 일반인들의 PC로 분석하는 시스템이다. 지적 생명체 탐사에 활용되는 직경 305미터의 세계 최대 아레시보 전파망원경이 단 하루에 수집하는 전파는 무려 2800만 개에 달한다. 이처럼 막대한 전파를 분석하려면 엄청난 능력의 슈퍼컴퓨터가 필요한데 전 세계 PC들을 연결하여 이

푸에르토리코에 설치되어 있는 홑접시 모양의 세계 최대 아레시보 전파망원경.

자료를 나누어 분석함으로써 하나의 거대한 슈퍼컴퓨터를 운용하는 것과 동일한 효과를 볼 수 있도록 한 것이다. 국적을 막론하고 누구든 홈페이지 setiathome.berkeley.edu 에서 프로그램을 다운로드 받아 자신의 PC를 외계 지적 생명체 탐사에 이용할 수 있다. 산술적으로 프로젝트에 참여하는 컴퓨터가 많을수록 외계 생명체를 찾을 확률도 그만큼 높아진다. 현재 이 프로젝트에는 전 세계 17만여 명 이상의 네티즌이 참여하고 있는데 만약 누군가 최초로 지적 생명체의 신호를 포착하게 된다면 전 지구적 유명세를 치르게 될 것이다.

지적 생명체가 살고 있을 만한 외부 행성에 대한 탐사 프로젝트는 이뿐만이 아니다. 2006년 프랑스 국립우주센터CNES가 발사한 중량 천문위성 '코롯Corot'은 별 주위를 도는 행성이 별빛을 가리는 일식 현상을 감지하는 방식으로 지금껏 알지 못했던 새로운 행성을 찾고 있다. 코롯 위성의 분광기는 목성과 같은 거대한 행성에 더해 지구 1.5배 크기의 작은 행성까지도 포착할 정도로 민감하다.

2009년 3월 NASA는 플로리다 주 케이프커내버럴 우주센터에서 외부 행성 추적용 망원경 '케플러 우주망원경'을 발사하기도 했다. 케플러 망원경 역시 은하에 속하는 수천 개의 별들을 상대로 생명체가 살 만한 지구 크기의 행성이 있는지 살피는 임무를 수행한다. 또한 유럽항공우주국ESA은 2015년에 생명체가 존재할 가능성이 있는 행성들을 찾기 위한 '다윈 프로젝트'를 실시할 예정이다.

이처럼 외계의 전파신호를 수집하고 탐사위성을 발사하는 등 외계 생명체를 찾기 위한 인류의 노력은 끊임없이 이어지고 있다. 물론 아직까지 외계로부터 의미 있는 응답을 받지 못했지만 그 가능성은 여전히 남아 있다. SETI의 과학자들도 ATA가 본격 가동되면 2015~2020년 사이에는 통계적으로 의미 있는 외계 지적 생명체의 전파 신호를 최소 한 개는 탐지해낼 수 있을 것으로 보고 있다.

가능성 99퍼센트의 가설

외계 지적 생명체와 관련해 세계적인 물리학자 스티븐 호킹Stephen Hawking 박사의 발언이 전 세계에 큰 화제를 불러일으켰다. 호킹 박사는 2010년 4월 '디스커버리 채널'의 다큐멘터리에서 지적 생명체가 존재한다는 추정은 '완벽하게 이성적인 일'이라고 말했다. 그는 "대다수 외계 생명체는 미생물처럼 단순한 형태를 지녔으리라 생각하지만 그중 일부는 지적 생명체로 진화했을 수 있다."고 밝혔다. 그동안 그는 우주에 각각 수억 개의 별로 구성된 약 1000억 개의 은하가 존재한다는 점을 근거로 우주에 다수의 외계 생명체가 존재한다고 주장해 왔다. 그들의 거주지는 비단 행성뿐만 아니라 별의 중심부, 행성 사이의 공간 등 어디나 가능하다는 것이 그의 생각이다. 다만 호킹 박사는 외계 지적 생명체들과의 접촉은 인류를 황폐화시킬 수 있다고 경고했다. 인류보다 앞선 과학기술을 가진 외계 생명체는 우주를 유랑하며 정복과 식민지화를 꾀할 수 있기 때문에 외계인들의 지구 방문은 콜럼버스의 아메리카 대륙 발견과 유사한 악영향을 불러올 수 있다는 것이다. 그러므로 인간은 지금 당장 외계 생명체와 접촉하려고 시도하는 것보다는 접촉을 피하기 위해 가능한 모든 일을 해야 한다고 강조했다.

하지만 이에 대한 SETI 연구소와 NASA의 입장은 다소 다르다. 2011년 3월 SETI 연구소의 책임연구원인 세스 쇼스탁Seth Shostak 박사는 국내 한 언론과의 인터뷰에서 "외계 지적 생명체는 막연한 상상이 아니라 '참'으로 밝혀질 가능성이 99퍼센트인 과학적 가설"이라는 점을 분명히 했다. 그는 SETI 프로젝트를 통해 외계로부터의 신호가 잡힐 순간에 대비하여 국제조약까지 마련되어 있는데, 이 조약에는 유엔에 관련 사실을 알리고 전 지구적 합의가 이뤄질 때에 한해 외계 신호에 응답한다는 내용이 들어 있다고 밝혔다. 호킹 박사의 주장에 대해서는 "인류의 정체를 외계 지적 생명체에 드러내는 것이 인류 생존을 위협할 수 있다는 생각에 동의하지 않는다."며 "외계 신호에 응답하지 않을 이유가 없다."고 의견을 피력했다. 특히 그는 만약 자신의 삶이 다할 때까지도 외계 지적 생명체의 신호 포착에 실패한다면 "지금의 탐사 방법에는 심각한 오류가 있는 듯하

외계 생명체는 어떤 모습일까?

만약 외계에 지적 생명체가 존재한다면 그들은 어떤 모습을 하고 있을까. 인류와 유사한 모습일까, 아니면 공상과학영화에 나오는 괴물의 형상일까. 지금껏 우리는 TV나 스크린을 통해 외계 생명체의 모습을 그려왔다. 하지만 실제로 우리는 그들에 관해 아는 것이 전혀 없다. 다만 대부분의 과학자들은 외계 지적 생명체는 우리의 상상을 초월할 정도로 다양한 모습을 하고 있을 가능성이 높다고 입을 모은다.

그러면 〈E.T.〉, 〈에일리언〉 등에 등장하는 외계 생명체의 모습은 전혀 근거 없는 것일까. 그렇지 않을 수도 있다. 《우주전쟁》의 저자 조지 웰스가 그려낸 외계인은 문어와 비슷한 생김새를 하고 있다. 웰스가 외계인을 그렇게 그린 이유는 진화를 거쳐 뇌가 고도로 발달했을 것이라는 추정에 근거한다. 그는 중력이 없는 공간에서 공중에 떠다니기 때문에 몸체는 불필요한 가분수 형태의 외계인을 상상했다고 한다. 인간과 비슷한 생김새의 외계인이 없으리란 법도 없다. 인간을 비롯한 고등동물의 신경계는 뇌처럼 한 곳에 신경이 집중된 부위가 있기 마련인데, 외계 지적 생명체 역시 한 곳에 집중된 신경계를 가지고 있을 가능성이 크다. 여러 과학자들은 여기에 진화론적 관점을 더해 인간과 닮은 형태, 즉 직립보행을 하고 머리에 뇌와 이목구비 등의 기관이 모여 있으며 사지를 가졌을 수도 있다고 추정하고 있다.

다. 포기하지는 말고 다른 방법을 찾도록 하라.”는 유언을 남길 것이라고
했다.

　　지구가 속한 은하계에는 태양과 같은 항성이 약 2000억 개 정도
있고, 우주에는 이런 은하계가 1000억 개가 넘는다. 이 끝없는 우주공간
에서 인류만이 유일한 지적 생명체라고 주장하는 것은 우주의 입장에서
보면 우물 안 개구리의 의미 없는 외침일지도 모른다.

뱀파이어,
그들은 실제로 존재할까

2008년 화제를 모았던 국내의 〈박쥐〉는 물론 뱀파이어와 인간의 사랑을 다룬 〈트와일라잇Twilight〉, 그리고 그 속편인 〈뉴 문New Moon〉에 이르기까지 최근 극장가에서는 심심치 않게 뱀파이어를 만날 수 있다. 뱀파이어는 전설 속에 존재하는 흡혈귀이지만 전 세계 사람들이 열광하는 새로운 콘텐츠 아이콘으로 부상하며 마치 실재하는 것 같은 착각마저 불러일으키고 있다. 그렇다면 불멸의 존재로 알려져 있는 뱀파이어는 정말 존재할까?

뱀파이어Vampire, 흡혈귀의 가장 큰 매력은 젊음을 유지한 채 영생한다는 것이다. 영화 〈트와일라잇〉과 속편인 〈뉴 문〉의 남자 주인공 에드워드(로버트 패틴슨)는 고교생의 외모로 무려 108년을 살아온 뱀파이어다. 그는 지적인 이미지에 섹시한 외모, 정의감, 그리고 배려 깊은 심성의 소유자인데다가 누구에게도 뒤지지 않는 완벽한 육체적 능력으로 전세계 젊은 여성들의 이상형이 된 상태다. 사실 뱀파이어에 매료된 사람들은 단지 젊은 여성들에 국한되지 않는다. 이른바 뉴 문 엄마로 불리는 중년 아줌마 팬들의 열기 또한 뜨거운데, 관련 인터넷 사이트에서는 뉴 문 엄마들을 겨냥한 각종 상품들이 불티나게 팔리고 있다.

뱀파이어 열풍은 영화에만 그치지 않는다. 보더스나 반스앤노블 같은 대형서점은 1년 전부터 〈트와일라잇〉과 〈뉴 문〉의 특별코너를 마련해놓고 원작소설 세트와 DVD, 캐릭터 상품을 판매해 왔다. 음반가게에서도 영화 개봉 전부터 사운드트랙 음반이 베스트셀러에 올랐으며, 신문 가판대에는 출연 배우들이 표지에 등장한 각종 잡지들이 진열됐다. 국내 상황 역시 다르지 않다. 〈뉴 문〉은 개봉 첫 주에만 전국 관객 수 100만 명을 돌파했고, 각종 미디어에는 로버트 패틴슨을 비롯한 출연 배우들의 에피소드가 가득했다.

뱀파이어, 그들은 누구인가

뱀파이어는 늑대인간이나 몽마夢魔, 그리고 악마 등과 혼동되는 경우가 있지만 분명한 차이가 있다. 우선 늑대인간과 비교해보면 산 자와 죽은 자의 차이는 물론 인육을 먹느냐 아니면 피를 빠느냐의 차이가 있다. 뱀파이어는 죽은 자로서 인간의 피를 빨아먹는다. 그리고 몽마나 악마와 비교하면 원래 인간이었느냐 아니냐의 차이가 있다. 뱀파이어는 인간의 시체에서 비롯되었다.

일설에 따르면 뱀파이어는 터키어의 우베르uber, 마녀에서 유래되었다. 세르비아어의 뱀피르vempir, 날지 않는 사람, 폴란드어의 우피오르upior, 날개 달린 망령에서 유래됐다는 설도 있다. 어쨌든 뱀파이어는 원래 인간이었기 때문에 외견상으로는 인간과 차이가 없다. 다만 손톱이 길고 흉측하게 구부러져 있으며, 피부는 팽팽하고 창백한 것으로 묘사된다. 게다가 입에서는 피가 뚝뚝 떨어진다.

아일랜드 작가 브람 스토커Bram Stocker가 저술한 《드라큘라》에서는 그림자가 없거나 거울에 비치지 않는다는 특성도 나온다. 뱀파이어는 낮에는 자신의 관 속에 들어가서 자고, 밤이 되면 일어나 사람을 죽여 그 피를 빨아 마신다. 물론 집 안으로 숨어들어가 자고 있는 사람의 피를 빨아먹는 경우도 있다. 희생자는 죽은 다음 뱀파이어로 부활해서 새로운 희생자를 찾아 떠돌아다닌다. 만일 시체가 뱀파이어로 변하는 것을 막으려면 시체의 목을 절단해야 한다. 또는 입속에 화폐를 넣거나 시체를 관 속에 넣을 때 밑을 보게 하고 자물쇠 등으로 뚜껑을 열지 못하게 해야 한다. 특히 뱀파이어는 마늘을 싫어하기 때문에 입속에 마늘을 넣어야 한다는 말도 전해진다. 마늘은 뱀파이어의 침입을 막기 위해서도 사용된다. 문이나 창문에 마늘을 걸어놓거나 문질러 놓으면 그곳을 통해서는 집으로 들어올 수 없다고 한다.

뱀파이어 퇴치와 관련해서는 산사나무로 만든 말뚝으로 심장을 꿰뚫어버리는 방법도 알려져 있다. 들장미나무나 물푸레나무, 백양나무로 말뚝을 만들기도 하고, 지역에 따라서는 새빨갛게 달구어진 쇠말뚝을 사용하는 곳도 있다. 하지만 이러한 것들은 본질적인 퇴치수단이 아니다. 단순히 뱀파이어를 무덤에 못 박아놓는 의미밖에 없다. 존재 자체를 말살하기 위해서는 목을 잘라야 하지만 가장 효과가 확실한 것은 뱀파이어를 태워 재로 만들어버리는 것이라고 한다.

재미있는 것은 뱀파이어를 없애는 능력을 가진 존재가 바로 뱀파이어와 인간 사이에서 태어난 아이라는 점이다. 뱀파이어는 피를 빨기 위해서만 인간에게 출현하는 것이 아니고 살아 있는 인간과 섹스를 통해 아이를 만드는 경우도 있다. 뱀파이어와 인간 사이에서 출생한 아이는

'담피르' 라고 불리는데 뱀파이어를 죽이는 능력을 갖고 태어난다. 하지만 담피르도 일단 죽으면 뱀파이어가 된다. 이밖에 토요일에 태어난 사람은 뱀파이어의 정체를 꿰뚫어볼 수 있는 능력을 가지고 있다고 한다.

뱀파이어의 특이한 능력으로는 우선 변신력을 들 수 있다. 늑대, 쥐, 고양이, 개구리 등으로 변신할 수 있으며, 크기도 자유롭게 조절할 수 있다. 이 능력 덕분에 어떤 곳이든 침투할 수 있고, 무덤을 파헤치지 않고도 관 밖으로 나올 수 있다. 또한 뱀파이어는 늙지 않는 영원불멸의 존재로 알려져 있다. 시체이기 때문에 나이를 먹지 않는 것은 당연할 수 있지만 시체라면 당연히 발생해야 할 부패현상도 나타나지 않는다. 무덤을 파헤쳐 보면 뱀파이어는 잠든 것 같은 상태로 관속에 누워 있다고 한다.

전설 속 뱀파이어의 탄생 배경

뱀파이어 신드롬을 주도한 〈뉴 문〉에 이어 2009년 12월에는 뱀파이어의 실제 모델로 알려져 있는 헝가리 백작 부인 에르츠베트 바토리Erzsebet Bathory의 일대기를 다룬 영화 〈카운테스The Countess〉도 개봉됐다. 바토리는 아름다움을 유지하기 위해 무려 600명의 처녀들의 피로 목욕을 한 것으로 유명하다. 특히 그녀는 브람 스토커의 소설 《드라큘라》의 모델이기도 하다. 이 끔찍한 실화는 타인의 피를 빨아들여 젊음을 유지하는 뱀파이어 전설의 원형이 되었다. 15세기 루마니아의 영주 블라드 체페슈(1431~1476)도 뱀파이어의 원형이다. 잔혹

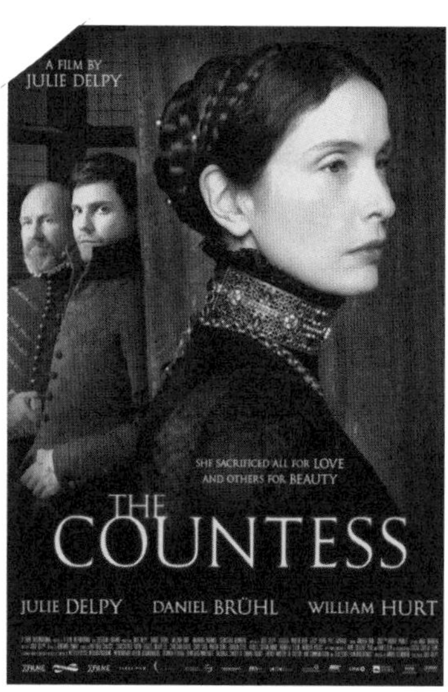

줄리 델피(Julie Delpy) 감독의 영화 〈카운테스〉(2008)의 포스터.

한 성품이었던 그는 전쟁에서 잡아온 포로를 산 채로 꼬챙이에 꿰어죽이는 형벌을 즐겼던 인물로 알려져 있다.

그렇다면 과학자들의 생각은 어떨까. 인류학자 폴 바버는《뱀파이어, 부활과 죽음》을 통해 뱀파이어 전설의 탄생 비밀을 파헤친다. 그에 따르면 뱀파이어에 대한 첫 기록은 중세 유럽으로 거슬러 올라간다. 어느 날 질병이나 가뭄처럼 이해하기 힘든 불행이 마을을 덮쳤다. 기상현상이나 질병에 대해 과학이 올바른 설명을 하기 이전이기 때문에 사람들은 원인불명의 불행을 모두 뱀파이어 탓으로 돌렸다. 한마디로 뱀파이어를 탓하는 게 불행을 설명하는 가장 손쉬운 방법이었던 것이다. 당시 사람들은 누군가 저주를 퍼부었기 때문에 불행이 자신들의 마을에 왔고, 저주를 퍼부은 사람은 최근에 사망한 사람일 거라고 생각했다. 그래서 죽은 자의 무덤을 파헤쳐보게 되었는데 모두 혼비백산을 했다. 시신의 입술에 피가 묻어 있었던 것이다.

과연 죽은 자가 되살아나 산 자를 흡혈했던 것일까. 이는 무지와 미신이 융합된 오해였다. 겨울에 매장되거나 잘 밀봉된 관의 경우 부패가 수주, 혹은 수개월 이상 지체된다. 이후 내부 장기가 부풀어오르면 혈액이 입술 쪽으로 몰리게 되고, 마치 죽은 사람이 흡혈한 것처럼 보이게 되는 것이다. 현재는 시신의 부패과정이 널리 알려져 있지만 중세시대 사람들은 그러한 현상을 이해할 수 없었기 때문에 뱀파이어가 실제로 존재한다고 믿었다는 게 바버의 주장이다. 2009년 3월 이탈리아 피렌체대학의 인류학자 마테오 보리니 Matteo Borrini 는 베네치아의 라자레토 누오보 섬의 무덤에서 입에 작은 벽돌이 물려 있는 여성 유골을 발견했다. 시신의 입에 작은 벽돌을 넣은 것은 뱀파이어가 되는 것을 방지하기 위해서였을까.

광견병과 포르피린증 환자 가설

또 다른 과학자들은 광견병과 포르피린증 환자들에 의해 뱀파이어의 존재가 사실로 굳어졌다는 이론을 내놓고 있다. 스페인의 뇌과학자인 고메즈 알폰소 박사는 1998년 9월 〈뱀파이어 전설을 설명할 가능성〉이라는 논문에서 뱀파이어와 광견병 환자의 유사점을 거론했다. 논문에 따르면 광견병 바이러스는 개의 침 속에 섞여 있다가 물린 상처를 통해 인간의 체내에 들어오는데, 신경계에 침범하여 각종 이상증세를 일으킨다. 자극에 매우 민감해져서 물과 빛, 냄새와 거울을 싫어하고 피하게 되는 것이다. 이는 빛을 두려워하며 마늘 냄새를 싫어하는 뱀파이어의 특성과 비슷하다. 특히 공수병恐水病이라는 별칭이 있을 정도로 광견병 환자는 물을 싫어하는데, 여기에서 비롯된 것이 바로 성수聖水가 뱀파이어를 쫓는다는 설정이다. 뱀파이어가 밤에 활동하며 주로 이성을 공격한다는 설정 역시 광견병 환자들과 무관치 않다. 일반적으로 광견병 환자는 신경계의 이상으로 밤에 잠을 이루지 못하고 돌아다니며 과도한 성욕을 나타내기 때문이다.

포르피린증도 뱀파이어 전설을 낳은 요인으로 분석되고 있다. 포르피린증은 유전적 이상으로 나타나는 일종의 혈액 질환인데 3만 명 중 한 명꼴로 발병한다. 일반적으로 우리 몸에서 산소를 운반하는 적혈구는 헤모글로빈을 주요 성분으로 하고 있다. 포르피린은 헤모글로빈 합성에 매우 중요한 역할을 하는 효소다. 그런데 포르피린에 이상이 생겨 헤모글로빈을 합성하지 못하고 포르피린 전구체가 그냥 몸에 쌓여 이상을 일으키는 것이 바로 포르피린증이다.

미국의 행동과학자 스티븐 후안Stephen Juan은《뇌의 기막힌 발견 *Odd Brain: Mysteries of Our Weird and Wonderful Brains Explained*》에서 포르피린증 환

자가 예전부터 전해지는 뱀파이어와 외형 및 위험 요소에서 유사한 증상을 보인다고 밝혔다. 그에 따르면 일단 포르피린증이 발병하면 간 기능 이상과 함께 복통, 빈혈이 생긴다. 또한 혈액이 제대로 생성되지 않아 피의 양이 줄어들고 창백해지게 된다. 이와 함께 소변이 딸기주스처럼 붉게 나오기도 하고, 햇빛에 과민반응을 일으켜 일광 아래에서는 피부에 수포가 생기거나 벗겨지는 증상이 나타난다. 특히 잇몸이 약해져 송곳니가 두드러져 보이는 환자도 생긴다. 햇빛을 두려워하고 뾰족한 송곳니를 가진 창백한 포르피린증 환자들은 바로 뱀파이어의 인상착의와 상당한 유사성을 가지게 된다. 게다가 이 질병이 혈액 이상 및 부족으로 발생하기 때문에 당시 환자들은 정상적인 피를 마시면 복통과 구토도 진정되고, 햇빛에 대한 과민반응도 덜해진다고 믿었다.

오늘날의 포르피린증 환자들은 발달된 의학 덕분에 주사를 통해 치료를 받는다. 하지만 중세시대에는 주사를 통한 혈액 주입이 불가능했기 때문에 다량의 혈액을 마시는 것만이 필요한 헤모글로빈을 수급받을 수 있는 방법이었다. 하지만 다량의 혈액을 섭취한다고 해도 실제 효과는 없었던 것으로 보인다. 헤모글로빈이 위벽을 통과해 혈류 안으로 들어올 수 있다고 해도 그 양이 너무나 미미하기 때문이다. 그럼에도 포르피린증 환자들은 유일한 치료법인 혈액 섭취에 매달릴 수밖에 없었고, 이로 인해 뱀파이어로 오해받게 되었다는 것이다.

근친간의 결혼이 통상적이었던 중세 유럽은 유전 질환의 발병 환경으로 더없이 적합했다. 그러한 상황에서 포르피린증은 더욱 확대되었고 결과적으로 많은 환자들이 뱀파이어로 취급받을 수밖에 없었을 것이다. 산악지대에 있어서 외부와 고립될 수밖에 없었던 루마니아의 트란실바니아가 뱀파이어의 근원지가 되었던 것도 이런 이유였던 것으로 분석된다.

유전공학으로 만드는 뱀파이어

2009년 일부 과학자들은 유전공학으로 뱀파이어를 탄생시키고, 이를 할로윈데이 때 공개한다는 다소 황당한 계획을 발표했다. 해프닝으로 그치기는 했지만 이들은 흡혈박쥐의 진화에서 영감을 얻었다고 밝혔다.

과연 유전공학적으로 뱀파이어를 탄생시키는 것이 가능할까. 이에 대해 미국 와이오밍대학의 유전학 연구팀은 "아메리카 열대지방에 사는 흡혈박쥐는 2600만 년 전에 처음 나타났다."며 "유전적 증거에 따르면 포유류의 기생충을 주식으로 하던 박쥐가 점점 흡혈박쥐로 진화한 것으로 보인다."고 밝혔다. 일반적으로 흡혈박쥐는 암수가 함께 살며, 날이 어두워지면 은신처를 떠나 지상 1미터 상공을 난다. 보통 말이나 당나귀, 소의 피를 빨아먹는데, 동물은 습격당하고 있는 동안 잠에서 깨어나지 않는다. 이는 흡혈박쥐의 흡혈 메커니즘과 관련이 있어 보인다. 연구팀에 따르면 흡혈박쥐는 날카롭고 돌출된 앞니를 가지고 있다. 혀는 홈통처럼 생겼는데, 이 때문에 흡혈을 할 때는 피를 빨 필요 없이 모세관 현상에 의해 자연스럽게 입안으로 피가 흘러들어오게 된다. 모세관 현상이란 액체 속에 폭이 좁고 긴 관을 넣었을 때 관 내부의 액체 표면이 외부 표면보다 높거나 낮아지는 것을 말한다. 이는 액체의 응집력과 관과 액체 사이의 부착력 때문에 일어나는 현상이다. 식물의 뿌리에서 무기양분과 물을 흡수하는 것도 모세관 현상으로 설명할 수 있다.

또한 흡혈박쥐의 침에서는 피가 엉기는 것을 방지하는 PA 단백질이 분비되어 희생물의 피가 굳지 않게

아메리카 열대지방에 서식하는 흡혈박쥐아과의 흡혈박쥐. 일부에서는 생명공학자들이 박쥐가 흡혈박쥐로 진화한 비밀을 밝혀내면 뱀파이어 탄생의 비밀도 풀 수 있을 것으로 보고 있다.

한다. 연구팀은 "흡혈박쥐의 PA 단백질 유전자는 비非 흡혈박쥐의 단백질 유전자와 상당한 유사성이 있는 것으로 분석됐다."고 설명했다. 시카고필드뮤지엄의 동물학 연구팀 역시 "PA 단백질 유전자로의 변화가 흡혈박쥐로 진화하는 데 중요한 작용을 한 것으로 보인다."고 밝혔다. 유전공학자들은 최근 생명공학의 발전 속도를 감안하면, 박쥐 게놈 연구를 통해 박쥐가 흡혈박쥐로 진화하게 된 비밀을 밝혀내는 것은 시간문제일 것으로 보고 있다. 그리고 이러한 진화의 비밀을 통해 뱀파이어를 탄생시키는 것이 가능해질 수도 있다는 것이다.

수학적으로는 존재하는 것이 불가능

뱀파이어의 존재 유무에 대해서는 물리학자들의 관심도 높다. 최근 미국의 〈언익스플레인드-미스터리〉 온라인 판은 '수학적으로 계산할 때 뱀파이어가 존재할 수 있는가'에 대한 물리학자들의 연구논문을 게재해 관심을 끌었다.

뱀파이어는 존재할 수 없다는 명제를 수학적으로 증명한 논문의 주인공들은 미국 센트럴 플로리다대학 물리학과의 코스타스 에프티미우 Costas Efthimiou 교수와 소항 간디 Sohang Gandhi 교수였다. 이들은 2007년 〈영화적 상상 대 물리학적 실재〉라는 논문에서 뱀파이어는 존재할 수 없다는 사실을 수학적으로 증명했다. 증명의 주안점은 바로 인구 문제로, 뱀파이어는 인간의 피를 먹고 사는데 피를 빨린 인간은 뱀파이어가 된다는 점에 주목한 것이다. 에프티미우 교수 연구팀은 "뱀파이어 전설의 창안자는 기본적인 수학 지식이 없는 게 분명하다."며 "등비수열의 기본원리만 적용해도 뱀파이어가 존재할 수 없음을 알 수 있다."고 설명했다. 연구팀은 전설을 참고로 최초의 뱀파이어가 1600년 1월 1일 출현한 것으로 가정했다. 당시 지구의 인구는 5억3687만911명이었다. 뱀파이어가 한 달에 한 번 흡혈한다고 가정하면 1600년 2월 1일에는 두 명의 뱀파이어와 인간 5억3687만910명이 존재하게 된다. 한 달 뒤인 3월 1일에는 네 명, 4월 1일에는 여덟 명으로 늘어나 결국 2년 6개월, 즉 30개월 만에 지구의 인간은 모두 뱀파이어가 된다. 그렇게 되면 더 이상 뱀파이어가 흡혈할 사람이 없게 되기 때문에 뱀파이어의 존재 자체가 있을 수 없다는 주장이었다.

이 학자들은 인간 원리anthropic principle를 인용하며 주장을 끝냈다. 인간 원리란 '인간의 생존에 필요한 무엇인가가 있다면 그것은 반드시 존재해야 한다. 왜냐하면 인간이 존재하고 있기 때문' 이라는 공식이다. 즉 인간이 존재하고 있기 때문에 뱀파이어는 있을 수 없으며, 반대로 뱀파이어가 존재한다면 인간은 없어야 한다는 것이다.

뱀파이어, 매력적인 문화 콘텐츠

뱀파이어는 현대 대중문화에서 가장 매력 있는 콘텐츠 가운데 하나다. 피를 빨아먹는 것은 인간의 근원적인 공포심을 자극한다. 뱀파이어가 십자가, 마늘, 쇠말뚝 같은 것에 무너지는 설정은 인간의 실존적 취약성을 보여준다. 또한 스스로 원해서 그렇게 되는 것이 아니라는 상황은 존재의 비극성을 드러내기도 한다.

사람들은 자신의 상식으로 도저히 이해할 수 없는 일이 현실에서 일어날 때 그것을 현실이 아니라 환상적이고 불가사의한 일이라고 치부해 버리는 경향이 있다. 아름다움을 유지하기 위해 무려 600명의 처녀를 납치해 피로 목욕을 한 에르츠베트 바토리의 잔인한 집착, 그리고 전쟁에서 잡아온 포로를 산 채로 꼬챙이에 찔러죽이기를 즐기던 블라드 체페

슈의 잔혹성은 당시 대중들에게 현실적으로 받아들이기 힘든 일이었다. 대신 대중들은 이 같은 비현실적 상황을 뱀파이어의 책임으로 돌렸다는 얘기다.

브람 스토커가 소설《드라큘라》를 쓴 이후 무섭고도 신비로운 뱀파이어의 텍스트는 수많은 소설과 영화로 변주됐다. 1950년대 크리스토퍼 리 주연의 〈드라큘라〉 영화가 미녀의 목덜미를 깨무는 성적 코드의 흡혈귀를 창조한 이래 뱀파이어는 사랑에 약한 존재(게리 올드먼 주연의 〈드라큘라〉)로, 실존적 고민을 하는 존재(〈뱀파이어와의 인터뷰〉)로, 그리고 인간을 위해 종족을 사냥하는 존재(〈블레이드〉)로 끊임없이 진화해 왔다.

대중을 매혹시킬 수 있는 새로운 얘깃거리를 찾아내기는 쉽지 않다. 〈뉴 문〉은 뱀파이어라는 전설이 가공하기에 따라 얼마든지 새로운 콘텐츠로 거듭날 수 있음을 보여주고 있다. 하지만 과학자들의 증명에 의해 영원불멸의 뱀파이어는 존재 자체가 성립될 수 없음이 드러났다. 뱀파이어의 존재를 지지하는 일부 사람들에게는 안타까운 일이지만 뱀파이어는 단지 대중에게 어필하는 히어로 콘텐츠 그 이상도 그 이하도 아닌 것이다.

공룡과 관련된
미스터리들을 찾아서

공룡은 실물을 알 수 없는 생명체 가운데 인간과 가장 친근한 존재다. 책이나 만화, 그리고 영화를 통해 쉽게 접할 수 있어서인지 마치 가까운 곳에 실재하는 것처럼 느껴질 정도다. 하지만 인간이 공룡에 대해 알고 있는 것은 빙산의 일각일 뿐으로 그저 뼈 화석을 발굴한 뒤 퍼즐 맞추듯 짜맞춘 것에 불과하다. 최근 공룡학자들의 연구에 의하면 공룡은 알려진 것보다 몸무게가 적게 나가며 크기도 작다. 특히 공룡과 인간의 발자국이 함께 발견되면서 공룡과 인간이 공존했을 가능성도 제기되고 있다. 공룡이 언제 어떻게 생존했는지는 물론이고 언제 멸종되었는지에 대해서도 확실한 것은 없다. 단지 공룡의 뼈 화석이 존재한다는 것만이 명백한 진실일 뿐이다.

공룡dinosaur은 중생대 트라이아스기 말에 시작해 백악기 말까지 번성했던 육상 파충류의 한 집단이다. 약 2억3000만 년 전에 출현해 6500만 년 전까지 생존했다는 게 공룡학자들의 추정이다. 그렇다면 공룡이 번성했던 기간은 무려 1억6000만 년에 달한다. 45억~46억 년으로 추정되는 지구의 나이에 비하면 짧다고 할 수 있지만 인간과 비교하면 공룡의 지구 지배는 엄청나게 긴 셈이다. 실제 최초의 인류로 볼 수 있는 오스트랄로피테쿠스는 300만 년 전에 출현했고, 현생인류로 불리는 크로마뇽인이 나타난 것은 불과 4만~5만 년 전이다. 인류가 지구를 지배한 것은 길게 잡아도 300만 년 전, 현생인류 기준으로는 4만~5만 년 전에 불과한 것이다.

화석을 토대로 한 공룡의 모습

공룡이 책이나 만화, 그리고 영화의 소재로 자주 쓰이면서 티라노사우루스, 랩터, 트라이켑트롭스 등의 이름이 낯설지 않게 느껴지고 있다. 더욱이 공룡학자들의 연구를 통해 만들어진 모습이나 생태는 마치 공룡이 인류와 동시대를 살았던 것처럼 생각되게 한다. 하지만 각종 공룡의 분류나 모습은 모두 발굴된 화석을 토대로 하고 있는 것이다. 공룡 뼈 화석은 공룡이 죽은 뒤 사체가 퇴적층이나 화산재 등에 덮이면서 뼈 부분이 돌처럼 암석화된 것을 말한다.

공룡학자들은 지층에 묻혀 있는 공룡 뼈 화석을 발굴한 뒤 이를 퍼즐 맞추듯 짜 맞춰 전체의 모습을 만들어낸다. 일부 빠진 부분은 추정을 통해 가장 유사한 형태로 만들어 포함시킨다. 이 때문에 박물관 등에 전시된 공룡 뼈 화석의 설명서에는 이 화석 가운데 얼마가 진짜 화석인지를 퍼센트로 표기하고 있다. 예를 들어 어떤 공룡 뼈 화석에 80퍼센트라고 표기되어 있다면 80퍼센트는 지층에서 발견한 진짜 공룡의 뼈 화석이고 나머지 20퍼센트는 전체적인 공룡의 모습을 만들기 위해 인공적으로 만들어 넣었다는 의미다. 이 때문에 공룡에 대한 연구 초기에는 서로 다른 공룡의 뼈를 하나로 짜맞추는 경우도 비일비재했으며, 새로운 공룡 뼈 화석이 발견된 것이 아니라 두 마리의 서로 다른 공룡 뼈가 조합된 것으로 판명된 경우도 있었다.

여기서 주목해야 할 것은 실체를 모르는 상태에서 뼈 화석만으로 생존 당시의 모습을 추정하는 것은 매우 어려운 일이기도 하지만 부정확할 수도 있다는 사실이다. 공룡은 인류가 출현하기 6000만 년 전에 멸종해 외관이나 생태가 어떠했는지 알기 어렵다. 현재 우리가 책이나 만화, 그리고 영화를 통해 볼 수 있는 공룡의 모습이 실제와는 다를 수 있다는 의미다. 이처럼 인류의 출현과 시간적으로 큰 격차를 가지고 있는 공룡에 대한 미스터리는 오늘도 무척이나 많은 상태다.

공룡의 무게와 크기를 둘러싼 논쟁

공룡의 실제 무게에 대한 논쟁은 오랫동안 지속되어 왔다. 현재 뼈 화석 연구를 통해 알려진 가장 거대한 공룡은 무게가 수백 톤에 달한다. 실제

독일 젠켄베르크 자연사박물관에 전시되어 있는 아르젠티노사우루스.

아르헨티나에서 발굴된 초식공룡 아르젠티노사우루스 휴엔쿠엔시스의 경우 몸길이가 약 36.6미터에 무게는 80톤에 달한다. 또한 인도에서 발굴된 부르하스카요사우루스 마텔리이는 몸길이 40미터에 무게는 100~200톤으로 추정되고 있다. 이렇게 거대한 공룡들이 지구 중력의 부담 없이 정상적으로 보행하기 위해서 얼마만큼의 근육량이 필요했는지, 체중을 유지하기 위해 얼마나 먹어야 했는지는 항상 논쟁의 대상이었다.

영국의 동물사회학 연구팀은 최근 연구를 통해 몸집이 큰 공룡 중 하나인 아파토사우루스 루이재의 몸무게는 그동안 알려진 것의 절반 이하라고 발표했다. 즉 38톤이 아니라 18톤 정도라는 것이다. 또한 비교적 큰 공룡에 속하는 디플로도쿠스의 몸무게도 6.1톤이 아닌 4.4톤인 것으로 조사되었다고 덧붙였다. 이 연구를 주도한 콜로라도주립대학의 게리 패커드 박사는 "공룡들의 먹이사슬과 실제 운동량 등의 정보로 재조사한 결과 실제 공룡의 몸무게와 크기는 우리가 알고 있던 것보다 훨씬 작다."고 밝혔다.

이 같은 연구발표 이전에는 통계자료에 근거해 거대 공룡의 무게와 크기를 추측했다. 즉 25년에 걸쳐 발굴된 각종 공룡 뼈 화석을 토대로 공룡의 무게와 크기를 통계자료로 만든 뒤 이것을 근거로 무게와 크기를 산출한 것이다. 하지만 공룡의 뼈 화석이나 발자국 흔적만을 토대로 공룡의 무게와 크기를 추정하는 것은 많은 오류의 가능성을 내포할 수밖에 없다. 현재 육상에서 생존하고 있는 가장 큰 동물은 코끼리다. 아프리카 코끼리의 경우 무게가 5~7톤 정도며, 중력의 영향이 상대적으로 적은 바다에서 생존하는 흰수염고래의 경우 몸길이 24~33미터에 무게는 180톤에 달하는 것으로 추정되고 있다. 이렇게 본다면 육상에서 생존했던 공룡이 수백 톤에 달할 가능성은 매우 적으며, 이들 대부분은 10톤 이하였을 것으로 분석되고 있다.

공룡과 인간이 공존했을 가능성

공룡과 관련된 또 다른 미스터리는 공룡의 생존기간이다. 공룡학자들의 연구를 토대로 한다면 공룡과 인간이 공존한 시간은 존재할 수 없다. 공룡이 멸종한 뒤 인류가 출현했기 때문이다. 하지만 인류의 유물 중에는 공룡과 인간의 공존 가능성을 보여주는 것이 있으며, 공룡시대의 화석에 인간의 발자국이 함께 찍혀 있는 경우도 있다.

공룡과 인간의 공존 가능성을 제시하는 가장 대표적인 유물은 잉카 유적에서 발굴된 부장석副葬石이다. 여기에는 당시의 사냥의식이나 제사의식을 상징하는 그림들이 새겨져 있는데, 특히 그 일부에 공룡과 사람이 싸우거나 사람이 공룡을 타고 있는 것 같은 그림들이 있다. 페루 리마대학의 의학교수인 자비에 카브레라Javier Cabrera 박사는 출토된 부장석 가운데 공룡이 포함된 것만을 수집해 왔는데, 그 수가 무려 300개에 이른다.

진화론을 전제로 한다면 부장석에 새겨진 공룡 그림들은 단순한 상상력의 결과물로 치부될 수밖에 없다. 또한 일부 부장석은 수십 년에서 수백 년 전에 인공적으로 제작된 것으로 의심받기도 했다. 하지만 이러한 평가를 뒤집는 증거가 나왔다. 부장석에 새겨진 공

공룡과 인간의 공존 가능성을 알 수 있는 대표적인 유물 중 하나로, 페루 리마대학 자비에 카브레라 교수가 잉카 유적에서 수집한 공룡 그림이 있는 부장석.

룡의 그림 중에는 몸의 일부에 주름이 있거나 장미 모양의 피부 무늬가 표현되어 있었다. 1990년대 초까지만 해도 공룡학자들은 공룡의 몸에 주름이 있거나 장미 모양의 피부 무늬가 존재한다는 사실을 알지 못했다. 그런데 공룡의 피부에 장미 모양의 무늬가 존재했고, 일부 공룡은 몸에 주름이 있었다는 사실이 최근의 화석 연구를 통해 드러났다.

결과적으로 부장석에 남겨진 자세한 묘사는 실제 살아 있는 공룡의 모습을 본 사람이 새겨놓은 것이다. 일부 부장석은 수백 년 전에 만들어졌을 수도 있지만 잉카문명의 조상 중 누군가가 살아 있는 공룡을 봤고, 이를 부장석에 새겼을 가능성을 배제할 수 없다. 그리고 세대를 거듭하면서 이러한 조각 형태가 하나의 전통으로 자리 잡았을 공산이 크다.

또한 고대 아스텍 유적에서는 공룡과 인간이 함께 생활하는 모습의 토우土偶들이 대량으로 발견되었다. 장소는 멕시코 수도인 멕시코시티에서 북서쪽으로 280킬로미터 떨어진 아캄바로와 엘토로 산이었다. 토우는 흙으로 빚어 만든 단순한 인형이나 생활용품으로 세계 모든 문명에서 공통적으로 나타난다. 하지만 멕시코 지역에서 발굴된 토우 중 일부는 사람이 공룡을 타고 있거나 애완동물처럼 함께 노는 모습이 나타나 있다. 심지어는 먹이를 주거나 외양간을 만들어 기르는 모습도 있다. 더욱이 이 토우에서 묘사된 공룡들은 티라노사우루스, 프레시오사우루스, 스테고사우르스, 프테라노돈처럼 실제 화석 연구를 통해 밝혀진 공룡들의 특징을 비교적 자세히 드러내고 있다. 이는 단순한 상상력의 결과물이 아니라 실제 공룡의 모습을 본 사람이 만들었을 가능성을 제기하는 것이다.

더욱 놀라운 사실도 있다. 1908년 미국 텍사스 주 팔룩시 강에 기록적인 대홍수가 발생한 후 암반에 새겨진 공룡 발자국 흔적이 발견되었다. 문제는 이 공룡 발자국과 함께 인간의 발자국이 찍혀 있었다는 점이다. 이는 공룡과 동시대에 인간의 발자국이 찍혔다는 것을 의미하며, 이후 두 개의 발자국이 화석으로 남은 것이라고 추정할 수 있다. 다시 말해 사람이 공룡을 추적했든, 또는 공룡이 인간을 추적하는 상황이었든 공룡과 인간이 같은 시간대를 살았다는 의미다. 하지만 진화론을 전제로 하면 이것은 불가능한 것이다. 현생인류 이전의 초기 인류라고 해도 300만 년 전에야 출현했기 때문이다. 반면 화석 연구를 통해 드러난 공룡의 멸종 시기는 6500만 년 전이다.

깃털과 고기 맛으로 본 공룡의 후손

또 다른 미스터리는 공룡의 후손이 현재의 조류라는 주장이다. 공룡이 멸종되는 과정에서 일부 공룡이 진화를 통해 생존했으며, 그 후손이 바로 조류라는 것이다. 이 같은 주장의 근거는 2000년 이후 발굴된 다수의 공룡 화석에서 깃털이 발견됐기 때문이다. 실제 중국 랴오닝 성에서는 2000년 시노사우롭테릭스가 발견됐고, 2002년에는 시노르니토사우루스와 베이피아오사우루스가 발견됐다. 그런데 이들 공룡은 모두 깃털이 있었다. 비록 비행보다는 체온 유지에 사용되었을 것으로 보이지만 조류로 진화하는 초기단계의 공룡인 것만은 분명한 것으로 분석됐다.

특히 2000년에 랴오닝 성 차오양의 한 암반층에서 발견된 미크로랍토르 자오이아누스의 경우 머리부터 꼬리까지의 길이가 약 38센티미터로 까마귀 정도의 크기였다. 이 공룡 화석의 가장 큰 특징은 깃털이 온몸을 뒤덮고 있고, 발의 관절과 발톱은 새처럼 구부러져 나뭇가지를 잡고 앉는 것이 가능했다는 것이다. 발굴 팀은 지상을 보행하는 육식성 공룡인 미크로랍토르가 나무를 타고 올라가 곤충 등을 잡아먹었을 것으로 분석했다. 1억2400만 년 전에 생존했을 것으로 추정되는 미크로랍토르에 대한 연구결과는 같은 해《네이처》에 발표되기도 했다.

2004년에는 중국과학원 고척추동물 및 고인류연구소 쉬싱徐星 박사가 미크로랍토르 화석에 대한 정밀분석을 통해 이 공룡의 깃털이 보온용이 아닌 비행용이었다는 가설을 제기했다. 즉 미크로랍토르는 앞다리 깃털은 물론 뒷다리와 꼬리에 붙은 깃털을 동시에 펼쳐 비행을 했다는 것이다. 이후 앞다리 부분의 깃털은 지속적으로 진화한 반면 뒷다리 부분의 깃털은 퇴화를 거듭해 오늘날의 새와 같은 모습이 되었을 것이라는 게 쉬싱 박사의 주장이었다.

일반적으로 익룡의 경우, 비행은 가능했지만 박쥐처럼 깃털 없이 팔다리와 몸체 사이의 피부막을 이용했다. 반면 이들 깃털 달린 공룡들의 경우는 비행이 다소 어려웠을 수 있지만 조류가 가지는 일반적 특징을 가지고 있어 새의 조상으로 보는 것이 가능하다는 것이다. 더욱이 공룡의 살코기 맛이 치킨 맛과 비슷했을 것이라는 연구결과도 나왔다. 2005년 미국 노스캐롤라이나주립대학의 고고학자 메리 슈바이처Mary Schweitzer 박사는 대표적 육식공룡인 티라노사우루스의 대퇴부 뼈 안쪽에서 단백질을 추출하는 데 성공했다. 몬태나 주 로키박물관에 소장되어 있던 티라노사우루스의 뼈조각에서 콜라겐 단백질을 추출한 것이다. 그리고 하버드대학의 존 아사라John M. Asara 박사가 질량분석기를 이용해 이를 분석했다. 그 결과 티라노사우루스의 콜라겐 알파 1-t1 단백질이 닭고기의 단

★☆ 콜라겐 Collagen

동물의 뼈, 연골, 힘줄, 피부 등을 구성하는 경단백질의 하나로 교원질(膠原質)이라고도 불린다. 섬유상 고체로 존재하며, 전자현미경으로 볼 때 복잡한 가로무늬 구조로 되어 있고 물과 묽은 산, 묽은 알칼리에 녹지 않지만 끓이면 젤라틴이 되어 용해된다. 구성 아미노산은 프롤린, 히드록시프롤린, 글리신 등이다.

백질과 매우 유사하다는 것을 밝혀냈으며, 이 같은 연구결과는 《사이언스》를 통해 발표됐다.

조류가 공룡의 후손이라는 주장은 아직도 논쟁의 대상이다. 하지만 공룡의 고기 맛만을 놓고 본다면 조류의 조상이 공룡이었을 가능성은 크다. 물론 깃털 공룡과 조류의 조상이 같았을 수는 있지만 깃털 공룡의 화석만으로 공룡이 조류로 진화한 것이라고 말할 수는 없다는 반론도 있다. 공룡이 멸종하기 이전인 중생대 백악기에는 이미 다양한 형태의 조류가 존재했기 때문에 조류의 조상이 공룡이라는 주장은 잘못된 것이라는 얘기다.

공룡의 멸종은 가장 논쟁적인 미스터리

공룡에 관한 미스터리 가운데 가장 큰 논쟁거리는 바로 공룡의 멸종이다. 약 1억6500만 년 동안 번성하며 지구를 지배했던 공룡이 너무나 짧은 기간에 멸종한 것은 쉽게 납득이 되지 않는다. 현재 제기되고 있는 공룡 멸종의 원인으로는 소행성 충돌을 비롯해 대규모 화산폭발, 알 도난, 전염병 창궐, 알칼로이드 중독 등 매우 다양한 설이 나오고 있다. 소행성 충돌의 경우 지구에 소행성이 충돌하면서 엄청난 양의 먼지구름이 발생했고, 이 먼지구름이 지구를 뒤덮어 태양을 가림으로써 급격한 기온 하락으로 식물들이 죽게 되고 초식공룡과 육식공룡 순으로 멸종했다는 주장이다. 현재 멕시코 유카탄 반도에 남아 있는 지름 약 300킬로미터 크기의 운석 구덩이가 바로 공룡을 멸종시킨 소행성 충돌의 흔적으로 추정되고 있다.

화산폭발설은 중생대 말기에 전 세계적으로 화산폭발이 이어졌으며, 용암과 화산재 등으로 인해 식물이나 공룡 등 모든 생명체의 생존이 어려워졌다는 것이 가설의 골자다. 이밖에 포유류가 번성하면서 이들이 공룡의 알을 훔쳐가거나 알 수 없는 전염병과 질병으로 공룡이 멸종했을 것이라는 주장도 있다. 또한 중생대 말에 나타난 새로운 종류의 식물들이 유독물질인 알칼로이드를 함유하고 있었는데, 이 유독물질을 먹게 된 공룡들이 멸종했을 것으로 보는 견해도 있다.

지구를 지배하다가 한순간에 사라진 공룡의 멸종 원인이 명확하게 분석되지 않았기 때문에 다양한 음모론들도 잇따르고 있다. 지구의 깊은 바닷속이나 호수 속에 여전히 공룡이 살아 있을 것이라는 얘기도 있고, 지구 내부의 지하세계에 지능을 갖춘 공룡의 후손들이 문명을 이루며 살고 있을 것이라는 주장도 있다.

책이나 만화, 그리고 영화에 나오는 공룡과 박물관에 전시된 각종 화석을 보면 인류가 공룡에 대해 많은 것을 알고 있는 것처럼 느껴진다. 하지만 공룡에 대해 명확하게 연구된 것은 그리 많지 않다. 실제로 언제 어떻게 생존했고 어떻게 멸종했는지에 대해서조차 모른다. 지금으로서는 공룡의 뼈 화석이 존재한다는 것만이 명확한 진실일 뿐이다.

초능력을
어디까지 과학으로 볼 것인가

초능력자는 영화나 만화, 그리고 소설의 단골 주제다. 이들은 손금 보듯 과거를 들여다보고 미래를 내다본다. 손을 대지 않고 물건을 움직이며, 텔레파시로 먼 곳에 있는 사람의 감정을 인지하기도 한다. 그런데 이것이 꼭 영화나 만화, 그리고 소설 속의 얘기일까. 초능력을 학문적으로 연구하는 초심리학자들은 그렇지 않다고 말한다. 연구결과에 따르면 우리 주변에는 꽤 많은 초능력자들이 살아가고 있다는 게 이들의 주장이다. 만일 이것이 사실이라면 매일 만나는 친구나 옆집 아저씨가 평범한 사람으로 정체를 숨긴 초능력자일 수도 있는 것이다.

2009년 조선시대 도사 이야기를 다룬 영화 〈전우치〉가 600만 명의 관객을 넘어 흥행에 성공했다. 옥황상제의 아들로 위장해 임금을 농락하는 등 장난을 일삼던 천방지축 전우치가 누명을 쓰고 500년간 그림 족자 안에 갇혀 있다가 현세에 되살아나 요괴를 잡는다는 게 영화의 줄거리이다. 언뜻 유치해 보이는 이 영화가 그토록 인기를 끌었던 데는 전우치가 펼치는 현란한 도술이 큰 몫을 하였다. 실제 이 영화는 분신술, 축지법, 둔갑술, 봉인술 등 관객의 눈을 사로잡는 매력적 도술들로 채워져 있다. 그림 속 장소로 순간이동하는 텔레포트, 손을 대지 않고 사물을 움직이는 염력, 장애물을 통과하는 사물 통과술 등도 나온다. 예로부터 이렇게 도술에 능한 사람들은 도사, 퇴마사, 주술사로 불렸는데, 현대적 시각에서 이들을 재해석하면 조금은 다른 이름을 붙일 수 있다. 바로 초능력자다.

과학자 vs 과학자의 논리적 공방

초능력자에 대해 열광(?)하는 것은 비단 우리만의 이야기는 아니다. 동서고금을 막론하고 초능력자만큼 문화예술의 주제로 자주 활용된 대상도 없다. 우리나라 홍길동과 중국의 손오공, 그리고 미국의 슈퍼맨과 영국의 해리포터가 단적인 예다. 그중에서도 빅 히트를 친 미국 드라마 〈히어로즈〉는 신비한 힘을 지닌 초능력자에 대한 로망을 집중 공략해 성공한 대표적인 사례다. 등장인물 대부분이 초능력자로 텔레파시, 텔레포트, 예지력, 염력, 독심술, 사물 통과술, 시간이동, 신체 비행, 기계와의 대화 등 상상 가능한 모든 초능력을 구사한다. 이외에도 숫자를 헤아릴 수 없을 만큼 많은 영화와 만화, 그리고 소설이 초능력자를 주제로 이야기를 풀어간다. 이를 감안하면 초능력자를 제외하고는 문화예술을 논하기 어렵다는 생각이 들 정도다. 그런데 만약 초능력자들이 상상의 산물이 아니라면 어떨까. 영화나 만화, 소설, 드라마에서처럼 자신의 능력을 숨기거나 혹은 내재된 능력을 인지하지 못한 채 우리 주변에서 평범하게 살아가고 있다면? 어린아이 같은 발상이라고 여길 수도 있겠지만 그렇지만은 않다.

초능력은 초심리학이라는 학문의 연구대상이며, 학자들 사이에서도 그 존재를 놓고 팽팽한 의견대립이 계속되고 있는 미스터리 중 하나다. 초능력 미스터리와 관련한 특징적 사실은 이를 믿고 입증하려는 사람들도 과학자고, 마술사들의 눈속임에 불과하다며 일축하는 사람들도 과학자라는 점이다. 게다가 두 진영 모두 막연한 당위성이 아니라 과학적 실험과 연구를 통해 자신들의 주장을 피력한다. 외계인, 사후세계, 종말론 등 대개의 미스터리들이 과학자 대 음모론자, 과학자 대 일반인 전문가의 논리 공방으로 전개된다는 점에서 분명한 차별점이 있는 것이다. 이는 또 초능력자의 존재 여부에 대한 일반인들의 판단을 어렵게 만드는 요인이기도 하다.

과거 역사에 기록된 초능력 사례

초능력자에 관한 양측의 논쟁을 이해하려면 먼저 초능력이 무엇인지부터 정확히 알아야 한다. 초능력은 많은 사람들이 생각하듯 인간으로서는 불가능한 불가사의한 능력이 아니기 때문이다. 학술적으로 초능력은 초감각적 지각ESP의 약자로서 오감 및 경험에 의존하지 않고 초과학적 방법으로 정보를 얻는 능력을 말한다. 이를 기반으로 과학자들은 여섯 가지 정도를 초능력이라고 칭한다. 말과 행동, 표정 등의 정보 없이 다른 사람의 생각, 지각과 감정을 읽는 텔레파시, 멀리 떨어져 있는 곳의 사물 또는 그곳에서 벌어진 사건을 보는 투시력, 미래를 내다볼 수 있는 예지력이 그것이다. 또한 과거에 벌어진 일을 보는 과거 투시력, 혼령과 인간을 매개할 수 있는 영매 능력, 특정 사물을 만져서 소유자나 그 사물이 있던 장소의 정보를 읽어내는 사이코메트리Psychometry도 학술적 초능력의 범주에 들어간다.

과학자들에 따라 생각만으로 물건을 움직이는 염력, 배운 적이 없는 외국어를 말하고 쓰는 제노글로시Xenoglossy, 유체이탈, 그리고 먼 거리의 소리를 듣는 투청透聽을 초능력에 포함시키기도 한다. 하늘을 날고 건물을 들어올리며, 시간까지 되돌릴 수 있는 슈퍼맨이나 그 밖의 영화 속 슈퍼 히어로들은 엄격히 말해 초능력자로 볼 수 없다는 얘기다.

어쨌든 초능력과 관련한 일화들은 무수히 많다. 1759년 스웨덴 과학자 에마누엘 스베덴보리Emanuel Swedenborg는 예테보리라는 도시에서 식사를 하던 중 주변 사람들에게 스톡홀름에 큰 화재가 났다고 말했다. 스톡홀름은 예테보리에서 500킬로미터나 떨어진 곳이었지만 스베덴보리가 묘사한 화재 상황은 사실과 거의 맞아떨어졌다. 링컨 대통령의 예지몽도 유명하다. 그는 1865년 4월 14일 자신이 관 속에 들어 있는 꿈을 꾼 뒤 각료들에게 꿈 얘기를 했고, 바로 그날 포드극장에서 저격을 당해 사망했다.

미국의 소설가 모건 로버트슨Morgan Robertson이 1898년 쓴 소설 《퓨틸리티Futility》도 초능력과 관련이 있다. 호화 여객선의 침몰을 다룬 이 소설은 14년 후 발생한 타이타닉호 사고와 너무나 흡사했다. 소설에서는 타이탄이라는 여객선이 4월 영국 사우스샘프턴에서 처녀 출항하여 북대서양을 지나다 빙산과 충돌해 침몰한 것으로 묘사되어 있다. 현실에서는 타이타닉호가 4월 14일 사우스샘프턴에서 뉴욕으로 가던 첫 출항에서 북대서양의 빙산에 충돌해 수몰됐다. 여객선의 길이와 승선인원, 구명보트의 숫자까지도 소설과 거의 일치했다.

자신의 의지와 관계없이 스베덴보리, 링컨, 로버트슨은 각각 투시력과 예지력이라는 초능력을 발휘한 셈이다.

이뿐만이 아니다. 1990년대 말에는 미국을 중심으로 초능력을 가지고 태어난 아이들을 지칭하는 인디고 아이들과 크리스털 아이들의 열풍이 불기도 했다. 인디고 아이들은 초능력을 포함해 각종 비과학적 능력과 기존 상식으로 설명할 수 없는 독특한 행동패턴을 소유하고 있는 아이들을 의미한다. 인지심리학자 낸시 앤 태프Nancy Ann Tappe가 1970년대 처음 정립한 개념으로, 정확히는 1975년 이후 출생한 아이들 가운데 생체에너지인 아우라가 남색인 경우를 말한다. 평범한 아이들은 아우라가 무지갯빛으로 방출된다고 한다.

인디고 아이들은 인류와 세상을 구원할 신인류로까지 불리며 주목을 받았다. 미국에서는 이들을 위한 맞춤형 교육법이 개발됐으며, 수차례 국제회의가 개최되기도 했다. 인디고 아이들의 놀라운 능력과 관련된 일화는 많이 있지만 그중에서도 러시아의 열다섯 살 소년 보리스카가 가장 널리 알려져 있다. 이 소년은 세 살이 되기 전 부모에게 자신이 전생에 화성인이었다고 주장했다. 그리고 화성인으로서 지구를 방문했을 때 봤던 고대 레뮤리아Lemuria 문명에 대해 어린이가 도저히 알 수 없을 정도의 세밀한 지식을 말해 주변을 놀라게 했다. 레뮤리아 문명은 대서양에 있었다는 아틀란티스 문명과 쌍벽을 이루며 태평양상의 대륙에 존재했던 것으로 회자되고 있다.

보리스카는 특히 2000년 러시아의 원자력 잠수함 쿠르쿠스호 침몰 사고, 2004년 체첸반군의 베슬란 학교 인질사태를 예견해 화제가 되기도 했다. 베슬란 인질극이 벌어질 당시 등교하던 보리스카가 갑자기 복통을 일으키며 학교에서 아이들이 죽어간다고 횡설수설했는데, 이 사건으로 어린이 등 400여 명이 희생되었다.

크리스털 아이들은 1980년대 이후 태어난 맑고 순수한 영혼의 아이들을 부르는 말이다. 전생의 환상을 보거나 텔레파시로 의사소통을 하고 독심력을 지녔다는 게 이 아이들의 특징이다. 미국 작가인 제임스 트와이먼James F. Twyman은 마르코라는 크리스털 아이가 자신의 머리에 손을 대자 전류가 흐르는 것 같은 느낌과 함께 악성 두통이 말끔히 사라졌다고 밝히기도 했다.

현실과는 시공간이 다른 제2의 세상

사실 초능력은 몇몇 선택된 사람들만의 특별한 능력이라기보다 모든 사람들이 한번쯤 경험해본 일이기도 하다. 누군가 쳐다보고 있는 것 같아 고개를 돌려보니 어떤 사람이 바라보고 있었다거나 불현듯 친구의 안부가 궁금해 전화를 하려는데 그 친구로부터 전화가 오는 것 같은 경험 말이다. 한걸음 더 나가 말 못하는 아이와 아무런 불편 없이 의사소통하는 어머니의 능력도 텔레파시의 일종으로 볼 수 있다. 꿈에서 조상이 가족에게 닥칠 위험을 미리 알려줬다거나 하는 식의 예지몽은 초능력이라고 말하기도 부끄러울 만큼 흔한 일이다.

1963년 초심리학자 루이자 라인Louisa Rhine 박사가 1만여 건에 이르는 초능력 경험 사례를 분석한 결과 초능력은 꿈에서 57퍼센트(현실적인 꿈 39퍼센트, 비현실적인 꿈 18퍼센트)로 가장 많이 나타났다. 그리고 직관과 환각이 각각 30퍼센트, 13퍼센트로 그 뒤를 이었다. 초능력이 타고난다거나 정신적으로 특별한 경지에 올라 있을 때 발현되는 것이라고 보는 시각도 있지만 기본적으로 모든 사람들에게 잠재되어 있는 능력이라는 게 대다수 초심리학자들의 견해다. 단지 일부 사람들이 이를 좀 더 잘 발휘하기 때문에 예언자, 성인 등 경외의 대상이 된다는 것이다.

그렇다면 초능력의 실체는 과연 무엇일까. 어떤 힘이 사람의 생각을 전달하고, 사물을 움직이며, 미래와 과거를 보여주는 것일까. 초능력 회의론자들은 초능력도 결국은 에너지의 하나라고 본다. 현재의 과학기술로는 검출할 수 없는 전자기파 에너지가 사람과 사람, 사람과 물체 사이에 작용하며 기이한 현상을 만들어낸다는 것이다. 하지만 이 이론에는 논리적 맹점이 있다. 이는 오직 텔레파시의 메커니즘만을 설명할 수 있을 뿐 투시력, 예지력, 염력 등 여타 초능력에는 대입할 수 없기 때문이다. 에너지가 어떻게 시간을 거슬러 올라가 전달될 수 있으며 사물과 사람을 이어주는지 설명할 수 없는 것이다. 텔레파시의 경우에도 완벽한 설명은 되지 못한다. 텔레파시는 두 사람 간의 물리적 거리를 초월해 순간적으로 이뤄지는 것이 상례인 반면 이를 주장하는 회의론자들조차 이 같은 특성을 가진 에너지가 무엇인지 단서조차 갖고 있지 않다.

이에 따라 초심리학계에서는 초능력을 '인간이 이해 가능한 물리적 세계에서 벗어나 있는 어떤 것'으로 정의한다. 이 이론에 따르면 모든 인간은 우리가 현실이라고 인지하는 세상에 더해 현실과는 전혀 다른 법칙들이 작용하는 또 다른 차원의 세상에 함께 살고 있다. 바로 이 제2의 세상에서는 시간과 공간이 현실과 다르게 작용하기 때문에 타인의 생각이나 미래의 사건들을 알 수 있다는 것이다. 제2의 세상에 대한 인지는 무의식적으로 일어나지만 이를 통해 취합된 정보들이 의식 상태에서 자각된다고 한다.

초능력의 실체에 대한 과학적 접근

근대사회 이전만 해도 이 같은 초능력은 그저 심령현상의 하나로 여겨졌다. 초능력자도 다른 수많은 미스터리와 마찬가지로 믿거나 말거나 식의 명제에 지나지 않았던 것이다. 누구도 이를 증명해야 할 이유나 필요가 없었다. 초능력이 이성적·합리적 증거가 필요한 학문의 범주로 들어온 것은 19세기 초부터다. 많은 과학자들이 초능력의 실재를 과학적 연구로 입증하고자 했다. 이 과정에서 1905년 프랑스 생리학자이자 노벨상 수상자 샤를 리셰Charles R. Richet에 의해 초심리학이라는 용어도 만들어졌다.

이후 본격화된 초심리학은 1930년대 들어 이 분야의 최고 권위자로 꼽히는 미국 듀크대학의 조셉 라인Joseph Rhine 박사에 의해 획기적 전기를 맞는다. 루이자 라인 박사의 남편이기도 한 그는 초능력을 과학적으로 증명할 수 있는 실험을 창안하는 한편 실험으로 이를 증명했다.

조셉 박사가 초능력의 과학적 입증에 활용한 것은 'ESP 카드'다. 제너 카드라고도 불리는 ESP 카드는 별, 십자, 네모, 원, 물결 등 다섯 가지 무늬가 그려진 카드로서 각 무늬별로 다섯 장씩 총 25장으로 구성되어 있다. ESP 카드를 활용해 텔레파시, 투시력, 그리고 예지력을 실험하는 방법은 이렇다. 우선 텔레파시의 경우 두 명의 피실험자를 따로 격리시켜 놓고 한 명에게만 ESP 카드를 제공한다. 물론 카드는 무늬를 볼 수 없도록 뒤집혀진 상태다. 그러면 이 사람은 카드를 한 장씩 뒤집어 무늬를 확인하고 다른 장소에 있는 피실험자에게 텔레파시로 그 무늬를 전송한다. 이런 방식을 통해 다른 장소에 있던 사람이 텔레파시를 수신한 차례대로 ESP 카드의 무늬를 적고, 이를 송신자가 텔레파

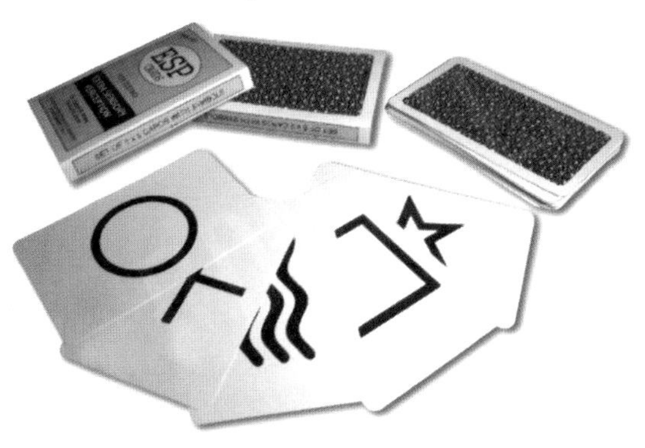

미국 듀크대학의 조셉 라인 박사는 ESP 카드를 활용해 초능력을 과학적으로 입증하는 전기를 마련했다.

시로 보낸 실제 무늬의 순서와 비교하는 것이다. 투시력은 실험자가 25장의 ESP 카드 중 하나를 택하면 피실험자가 그 카드를 투시해 무늬를 맞히는 방식이며, 예지력은 실험자가 카드를 뒤섞어 배열하기 전에 피실험자가 어떤 순서로 카드가 배열될지 미리 예측하는 방법을 사용한다.

피실험자가 초능력을 가졌음을 평가하는 기준은 적중률이 20퍼센트를 넘었을 때다. 20퍼센트는 피실험자가 초능력이 없더라도 다섯 개의 무늬 중 하나를 찍어 우연히 맞출 수 있는 확률이기 때문이다. 다만 조셉 박사는 우연적 변수를 최소화하고 결과의 정확성을 극대화하기 위해 모든 피실험자에 대해 수천~수만 번 이상의 실험을 반복했다. 한두 번의 실험으로는 자칫 우연의 효과가 극대화될 수 있기 때문이다. 즉 예지력 실험에서 25장의 카드 중 10장을 맞춰 40퍼센트의 적중률을 보인 것은 통계학적 의미가 없지만 이를 1만 번 반복해서 25퍼센트가 적중됐다면 우연 이외의 어떤 힘이 작용했다는 증거가 된다.

반론과 재실험, 그리고 논란

결과는 놀라웠다. 다수의 피실험자들에게서 명백히 의미 있는 데이터가 확보된 것이다. 한 피실험자는 8만5724번의 실험에서 2만4364번이 적중해 28.4퍼센트의 적중률을 보였다. 이는 우연의 확률 20퍼센트와 비교해 무려 7219번을 더 맞춘 것이다.

조셉 박사는 실험 결과를 바탕으로 1934년 《초감각적 지각 *Extrasensory Perception*》을 출간하면서 학계와 일반인에게 커다란 반향을 불러일으켰다. 그는 책에서 텔레파시는 송수신자의 물리적 거리나 장애물의 유무에 의해 전혀 영향을 받지 않으며, 텔레파시와 투시력은 근본적으로 동일한 능력이라는 결론을 내렸다.

조셉 박사의 ESP 카드 실험이 초심리학계의 열렬한 환영을 받았음은 물론이다. 하지만 회의론자들의 반응도 거셌다. 그들은 오히려 실험 절차상의 문제를 지적하며 비판에 나섰다. 가장 대표적인 ESP 카드 실험은 '이중은폐 실험'이 아니어서 결과를 믿을 수 없다는 것이다. 이중은폐 실험이란 실험자와 피실험자 모두에게 실험의 내용과 의미를 알려주지 않고 진행되는 실험이다. 다시 말해 조셉 박사의 실험은 실험자가 카드를 섞는 과정 등에서 무늬를 볼 수 있고, 이것이 얼굴표정과 몸짓 등으로 나타나 피실험자의 판단에 영향을 미칠 수 있다는 것이다. 또한 카드를 섞을 때 얼마든지 속임수를 쓸 수 있다는 점도 지적됐다.

이런 비판을 일식시키기 위해 초심리학자인 찰스 호노턴Charles Honorton이 1970년대 한층 진일보한 실험법을 창안했다. 간츠펠트 실험Ganzfeld experiment으로 명명된 이 실험의 핵심은 피실험자의 모든 감각을 박탈한 상태에서 실험을 진행하는 것이다. 이를 위해 피실험자의 눈에는 탁구공을 반으로 쪼개서 붙이고, 귀에는 노이즈가 송출되는 헤드폰을 쓰도록 했다. 그런 다음 다른 방에 있는 또 다른 피실험자에게 무작위로 선택된 비디오 영상을 보여주고 그 내용을 텔레파시로 보내게 했다. 호노턴이 240명을 대상으로 실험한 결과는 우연으로 볼 수 있는 수준을 웃돌았다. 적중률이 34퍼센트나 된 것이다.

이후에도 사람이 아닌 기계가 임의의 숫자를 제시하는 방법 등 텔레파시 실험을 개선하거나 새로운 형태의 초능력 실험기법이 개발되면서 초능력이 존재한다는 연구결과들이 속속 도출됐다.

이 시대의 진정한 초능력자들

초능력 논란이 시작된 지 100년이 흘렀지만 지금도 논란의 수위는 낮아지지 않고 있다. 회의론자들은 '초능력은 한마디로 말이 되지 않는다' 는 기존 주장을 굽히지 않고 있다. 초능력 입증의 증거물들도 하나같이 과도하게 초현실적이거나 비과학적이라고 단언한다. 그들은 많은 사람들이 놀라움을 금치 못하는 예지몽 또한 통계학자의 시각에서 보면 충분히 일어날 수 있는 일이라고 주장한다. 세계에는 60억 명 이상의 사람이 매일 다양한 경험을 하며 살아가는데, 어느 날 꾼 꿈이 나 자신이나 주변의 누군가가 경험할 수 있는 특정 상황과 비슷할 확률은 결코 적지 않다는 것이다. 이들은 또 평상시의 경험과 논리력, 직관력이 어우러지면 초능력이 없더라도 초능력처럼 보이는 능력을 발휘할 수 있다고 말한다. 상대방의 표정, 몸짓, 말투 등을 보면서 그 사람이 거짓말을 하고 있음을 본능적으로 아는 것과 같은 맥락이다.

특히 회의론자들은 지금껏 제시된 초능력의 증거들이 다른 연구자들에 의해 재현되지 않는다는 점을 집중적으로 공략한다. 과학실험은 어떤 연구자라도 최초 실험 방법을 모사했을 때 항상 동일한 결과가 나와야 한다. 하지만 대부분의 초능력 실험들은 매번 다른 결과가 나타나는 게 현실이다.

전직 마술사이자 대표적 초능력 회의론자인 제임스 랜디James Randi는 1996년부터 초능력을 지녔음을 입증하는 사람에게 100만 달러의 상금을 걸어놓고 있지만 지금껏 누구도 테스트를 통과하지 못했다. 랜디는 스푼을 염력으로 구부리려면 도전자가 가져오지 않은 스푼을 사용토록 했고, 투시력을 보여주려면 도전자가 그 장소에 가지 않았음을 확실하게 증명하도록 하는 등 합리적 조건을 내세웠다. 하지만 이 같은 조건을 준수한 채 초능력을 발휘한 사람은 없었다.

이를 보면 객관적으로 초심리학자들과 회의론자들의 논쟁은 일

캐나다 토론토 출신의 마술사이자 저술가인 제임스 랜디. 그는 현재 대표적인 초능력 회의론자이다.

정부분 회의론자 쪽에 무게중심이 옮겨져 있다고 볼 수 있다. 하지만 과학적 논리를 떠나 초능력자를 바라본다면 우리 주변에는 정말 많은 초능력자들이 있음을 알 수 있다. 철로에 떨어진 취객을 구하기 위해 목숨을 걸고 뛰어든 고등학생, 고층빌딩에서 떨어진 사람을 맨몸으로 받아낸 청년, 미소 한 번으로 하루의 스트레스를 말끔히 날려주는 자녀, 월드컵 4강 진출의 기적을 일궈낸 태극전사들이 바로 그들이다. 미래를 내다보고, 종말을 예언하며, 염력으로 물건을 옮기는 사람들보다는 바로 이들이 이 시대의 진정한 초능력자가 아닐까.

아틀란티스는
더 이상 전설이 아니다

모든 인간이 꿈꾸는 낙원이 지구상 어딘가에 존재한다고 가정해 보자. 과연 그 낙원은 어디에 있으며 어떤 모습을 하고 있을까. 이 같은 생각은 자칫 쓸모없는 공상으로 비춰질 수 있지만 우리는 머지않아 이에 대해 보다 현실적인 해답을 구할 수 있을지도 모른다. 바로 '아틀란티스 Atlantis'를 통해서다.

고도의 문명 갖춘 이상향

"단 하루의 비극으로 아틀란티스는 물속으로 사라졌다." 아틀란티스에 대해 최초로 기록한 이는 그리스의 철학자 플라톤이다. 그는 기원전 360년경 《대화편》에서 아틀란티스를 이상적인 고대국가로 명명했다. 아틀란티스에 대해 그가 기술한 내용은 기원전 600년경 그리스의 입법자 솔론Solon이 이집트를 방문했을 당시 전해들은 것이라고 한다. 이후 플라톤은 사실 확인을 위해 직접 이집트로 달려가 조사를 했다고 알려져 있다.

물론 그 진위 여부에 대해서는 확인된 바가 없다.

플라톤이 아틀란티스에 대해 기술한 주요 내용을 살펴보면 이렇다. 바다의 신 포세이돈이 클레이토라는 인간 여인을 아내로 얻어 다섯 명의 남자 쌍둥이를 낳았다. 이 가운데 장남 아틀라스가 훗날 왕이 되어 아버지가 관장하던 영토를 다스리게 됐는데 그 나라의 이름이 아틀란티스였다. 거대한 화산섬이었던 아틀란티스는 초목이 우거진 장대한 산맥과 갖가지 작물이 탐스럽게 영그는 비옥한 토지, 주민들의 호화로운 삶을 보장하는 풍부한 자원 등 살기 좋은 환경을 고루 갖추고 있었다. 여기에 고도의 문명과 최강의 군대, 공정한 법률까지 더해져 아틀란티스는 이상적인 국가로서 오랫동안 번성을 누렸다. 하지만 평화롭던 아틀란티스도 어느 순간 부패의 길을 걷게 된다. 아틀란티스인들은 게으르고 사치스러워졌으며 결국 신을 배반하기에 이르렀다. 아울러 세계 정복을 위한 전쟁에 나서 지중해 연안 원주민들을 노예로 삼기도 했다. 아틀란티스가 급격한 쇠퇴의 길을 걷게 된 것도 이 세계 정복 전쟁에 실패하면서부터다. 그리고는 어느 날 마치 신이 내린 형벌처럼 갑작스런 지진과 홍수가 덮치며 아틀란티스는 하루아침에 바다 깊숙이 가라앉아버렸다.

이렇듯 폐국을 맞기는 했지만 서양인들에게 아틀란티스는 오랫동안 아름답고 평화로운 이상향의 모습을 영위했던 지상낙원이자 고대 문명의 발상지로 인식되어 왔다. 유토피아, 무릉도원, 도원경桃源境 등 낙원을 의미하는 동서양의 용어들이 하나같이 상상의 장소를 의미하는 것과 달리 아틀란티스는 실존 가능성이 제기되고 있다는 점에서 세월을 뛰어넘어 지금껏 세인들의 관심이 이어지고 있다.

하지만 플라톤의 언급이 있은 지 2400여 년이 지난 오늘날까지도 이 신비의 대륙이 정말 실재했는지, 어디에 위치했는지는 누구도 명확히 대답하지 못하는 실정이다.

과학적 진실 여부를 떠나서 본다면 다소나마 궁금증을 풀 열쇠는 있다. 플라톤의 《대화편》이다. 플라톤은 이 책에 아틀란티스의 존재 연대와 위치를 추정할 수 있는 힌트를 남겨뒀다. 먼저 아틀란티스의 존재 연대를 추정해 보자. 플라톤은 저술 당시로부터 약 9000년 전에 아틀란티스가 사라졌다는 말을 들었다고 적었다. 솔론의 이집트 방문 시점이 기원전 600년이므로 그보다 9000년 전이면 대략 기원전 9600년이 된다. 그리고 아틀란티스는 침몰 전까지 1만3900년간 번성했다고 하니 아틀라스가 나라를 다스리기 시작한 시점은 대략 기원전 2만3500년쯤이라는 계산이 나온다. 결론적으로 아틀란티스의 존재 연대는 기원전 2만3500년에서 9600년 사이임을 추정할 수 있다.

플라톤에 따르면 아틀란티스는 지중해 서쪽 바다, 다시 말해 대서양에 있었던 것으로 추정된다. 아틀란티스는 리비아, 이집트, 그리고 유럽의 테리니아(현재의 이탈리아 중북부) 인근까지 다스렸던 초강대국이었다. 전체 영토는 지중해 남쪽의 북아프리카와 지중해 북동쪽의 터키 지역을 합친 것보다 거대했다고 전해진다. 아틀란티스 영토를 벗어나지 않고도 바다 반대편의 다른 대륙에 이를 수 있었다고 할 정도였다. 이와 관련하여 플라톤은 "아틀란티스는 거대하고 경이로운 제국의 심장이었다."고 표현하기도 했다.

오늘날 대서양을 뜻하는 영어 단어가 '아틀란틱 Atlantic' 이라는 점, 지중해 남서쪽의 모로코, 알제리, 튀니지에 걸쳐 뻗어 있는 커다란 산맥의 이름이 '아틀라스 산맥 Atlas Mountains' 이라는 점 등이 아틀란티스가 대

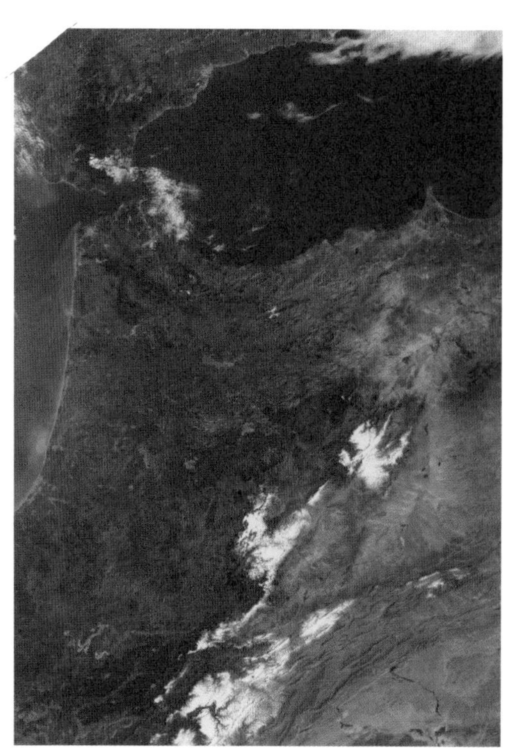

대서양을 뜻하는 '아틀란틱' 과 지중해 남서쪽의 모로코, 알제리, 튀니지에 걸쳐 있는 '아틀라스 산맥' 등으로 아틀란티스가 대서양에 존재했다고 주장한다.

서양에 존재했다는 내용과 부합한다고 볼 수 있다. 하지만 아틀란티스의 정확한 위치에 대해서는 연구자들 사이에서도 의견이 분분한 상태다. 일각에서는 그리스 최대의 섬인 크레타가 과거의 아틀란티스였다고 주장한다. 플라톤의 기술과 달리 아틀란티스가 대서양이 아닌 지중해에 위치했다는 말이다. 수천 년간 번영을 누리며 오리엔트 문명과 이집트 문명을 그리스에 전달하는 교량 역할을 하다가 기원전 1500년경 갑자기 멸망해버린 크레타 문명이 아틀란티스 문명의 멸망 과정과 놀라울 정도로 흡사하다는 것이 이들이 내세우는 근거다.

한편에서는 카리브해 서부에 위치한 오늘날의 쿠바가 아틀란티스였다고 주장하기도 한다. 이는 '아스틀란' 에서 건너온 '뱀의 사람들' 이 멕시코의 일곱 개 동굴에서 살았다는 멕시코 신화를 근거로 한 주장이다. 아스틀란이 아틀란티스와 어원상 뿌리가 같고 여기서 건너왔다는 뱀의 사람들이 쿠바인들을 지칭한다는 것이다. 이밖에도 대서양 중앙해령의 일부인 카나리아제도, 아조레스제도 등의 화산섬이 아틀란티스 대륙의 일부라거나 멕시코 중앙고원에 발달한 아스텍 문명이 살아남은 아틀란티스인들이 건설한 것이라는 등 각계 연구자들의 주장이 엇갈리고 있다.

이런 가운데 최근 연구자들의 이목을 집중시킬 만한 하나의 사건이 있었다. 프랑스의 한 해저탐사팀이 카리브해에서 우연히 도시 유적을 발견해 낸 것이다. 이 유적은 교차로 직조된 도로와 다양한 건축물을 포함한 하나의 도시였는데 연구자들은 이곳이 전설 속 아틀란티스일 가능성을 조심스레 제기하고 있다. 프랑스 언론의 보도에 의하면 이 해저도시는 크기가 거대할 뿐만 아니라 구조가 매우 조직적이어서 외견상으로는 원시 유적의 느낌을 준다. 특히 건축물 중 일부는 피라미드 형태를 띠고 있는 것으로 알려졌다. 그동안 아틀란티스의 존재를 증명하려 애써왔던 세계 각국의 연구자들은 이 점에 주목하고 심층발굴을 위한 자금을 마련 중이다. 안타깝게도 추가연구를 위한 유적 훼손 방지를 이유로 정확한 위치는 공개하지 않고 있다.

사실 이와 같은 발견이 처음은 아니다. 1965년에는 에게해 남부의 화산섬 테라 부근에서 물속에 가라앉은 고대 성곽이 발견됐고, 2004년에는 스페인 남부 늪지대에서 플라톤이 표현한 아틀란티스와 흡사한 유적이 발견되어 학계를 설레게 하기도 했다. 이외에도 아틀란티스의 존재를 뒷받침할 만한 정황 증거들은 얼마든지 있다. 콜럼버스는 아메리카 신대륙을 발견한 1490년대 초 아틀란티스를 찾았다는 이야기를 남겼고, 독일 천문학자 한스 헤르비거는 달이 지구의 인력에 끌려와 현재 지구의 위성이 됐다는 가설을 주창하며, 그 무렵 지구에 잇따라 발생한 거대한 자연재해가 아틀란티스의 침몰 시기와 비슷한 1만2000년 전이라는 흥미로운 이론을 내놓기도 했다.

미국의 예언자 에드가 케이시Edgar Cayce는 명상을 통해 아틀란티스가 세 번의 광범위한 대이변에 의해 부분적으로 무너지다가 결국은 사라졌다고 전하며 마지막 이변은 기원전 1만 년경에 발생했다고 주장했다. 그는 또 아틀란티스가 1968년 대서양에서 솟아오를 것이라고 예언하기도 했는데 그해에 대서양 바하마 부근에서 사람이 손수 쌓아올린 모양의 특이한 돌벽이 발견되기도 했다.

과학적으로는 진위가 밝혀지지 않았지만 심적으로는 아틀란티스의 존재를 믿는 분위기가 연출되고 있는 셈이다. 이런 일련의 정황들이 아틀란티스의 존재를 증명하지는 못하지만 적어도 단순한 신화나 전설로 치부할 수는 없게 만드는 것이 사실이다.

아틀란티스는 있다? 없다?

많은 이들의 관심과 연구에도 불구하고 아틀란티스에 대한 수수께끼는 쉽사리 풀리지 않고 있다. 명확한 증거가 없으므로 현재로서는 모든 것이 가정이고 가설일 뿐이다. 1950년대부터 해저 지형 탐사가 본격화되었지만 대서양에 커다란 대륙이 존재했다거나 대규모 지각변동이 일어난 흔적은 발견되지 않았다. 또한 크레타나 쿠바가 아틀란티스였다는 확실한 증거도 아직 없다. 아틀란티스의 존재 연대와 관련한 부분들도 마찬가지다. 아틀라스가 나라를 다스린 시기로 추정하는 기원전 2만3500년에서 9600년 사이는 역사상 초기 인류가 막 등장한 때다. 이 시기에 아틀란티스처럼 고도의 도시문명이 존재했다고 하는 것은 다소 무리가 있다는 게 많은 연구자들의 지적이다. 이러한 점들은 더 나아가 플라톤의 《대화편》에 기술된 많은 부분들이 오류일 수 있음을 의미한다. 아틀란티스에 건설되었다는 구조물이라든지 그들이 운용한 운하나 무기 등도 당시의 기술력에 견줘 생각하면 거의 불가능하다고 보는 것이 옳다. 인류 최초의 철기 문화도 기원전 3000년경에 이르러서야 비로소 꽃을 피웠기 때문이다.

일각에서는 아틀란티스 자체를 아예 부정하기도 한다. 무엇보다 플라톤의 《대화편》 외에는 그 어떤 문헌에서도 아틀란티스에 대한 언급을 찾아볼 수 없다는 것이 근거의 핵심이다. 1만3900년이라는 장구한 세월 동안 세계를 주름잡은 문명이라면 그에 대한 기록을 찾기가 이토록 힘들 리는 없다는 것이다. 때문에 아틀란티스는 플라톤이 자신의 이상주의적 국가관을 설명하기 위해 인위적으로 그려낸 상상의 대륙이라고 보는 시각도 적지 않다. 부정과 부패에 대한 사람들의 경각심을 불러일으키기 위해 상상 속 대륙을 무대로 삼았을 뿐이라는 얘기다. 이와 관련하여 일부 연구자들은 고대에는 아무도 진지하게 생각하지 않았던 아틀란티스를 근대의 인문주의자들이 의도적으로 다시 들춰냈다며 이 역시 플라톤이 생각한 바와 유사한 이유였다고 주장한다.

1975년 미국 인디애나대학에서는 '아트란티스는 사실인가, 허구인가' 라는 주제로 국제 심포지엄이 열리기도 했다. 각국 연구자들이 집결한 당시 심포지엄의 결론은 "아틀란티스는 신화일 뿐 실재하지는 않는다."는 것이었다.

오늘의 신화가 미래의 현실로

이렇게 되면 아틀란티스의 존재 여부에 대한 이야기는 다시 원점으로 돌아간다. 하지만 한 가지 분명한 사실은 아틀란티스의 신비를 향한 인류의 열망은 계속해서 '현재 진행형' 이라는 점이다. 아틀란티스는 과거의 대서양 탐험과 아메리카 대륙 발견을 가능케 한 원동력이었다. 탐험가들은 어딘가 있을 아틀란티스의 흔적을 찾아 수백 수천 마일의 여행을 마다하지 않았고, 그 결과 인류의 역사를 바꿔놓았다.

오늘날도 마찬가지다. 전 세계 많은 연구자들이 아틀란티스를 찾아 끊임없이 목숨을 건 탐사에 나서고 있다. 고고학자, 해양학자, 천문학자, 지질학자, 인류학자 등 분야도 다양하다. 이들은 하나같이 "오늘날의 신화라고 해서 그것이 미래에도 신화로 남아 있으리란 법은 없다."고 말한다. 트로이의 존재가 유적 발굴을 통해 '신화'에서 '역사'로 바뀌었듯 머지않아 아틀란티스도 허구가 아닌 실재가 될 수 있지 않을까. 물론 그 날이 오기까지는 계속해서 우리의 꿈속 지상낙원으로 머무를 테지만 말이다.

피라미드를
한민족이 만들었다고?

피라미드는 영원한 불가사의인가

이집트 기자 지역의 거대한 피라미드는 영원한 불가사의다. 피라미드는 고대 이집트인들의 지혜를 체현한 것이라는 게 정설이지만 풀리지 않는 의문이 너무 많다. 사실 이집트 피라미드의 대부분은 비교적 규모가 작아서 인력으로 건설이 가능하다. 하지만 쿠푸왕의 피라미드를 비롯한 3대 피라미드의 건설 방법은 아직도 고고학계의 논쟁거리로 남아 있다.

한 예로 쿠푸왕의 피라미드는 높이 146.60미터, 밑변 230.5미터, 그리고 면적은 5만2900평방미터다. 230만 개의 석재가 사용됐는데, 가장 작은 것은 1톤이고 가장 큰 것은 100톤이다. 고고학자들은 고대 이집트인들이 철기도 아닌 청동기를 사용해 부근의 채석장에서 거석을 떼어 낸 것으로 보고 있다. 통나무를 이용해 피라미드 건설 현장으로 옮긴 이 거석을 경사로 위에 놓고 쐐기와 지렛대를 사용해 피라미드 위로 끌어올렸다는 것이다. 하지만 거석을 운반하기 위해 경사로를 만드는 것 자체가 거대한 공사일 뿐만 아니라 거석을 정확한 위치에 놓았다는 것도 불가사의한 일이다.

이집트 학자들은 일반적으로 대★ 피라미드를 건설하는 데 10만 명의 인원과 20년의 시간이 필요하다고 말한다. 하지만 피라미드는 1년 내내 건설한 것이 아니라 나일 강이 범람해 농사를 지을 수 없는 3개월 동안만 건설했다고 한다. 그렇다면 매일 10시간씩 일한다고 계산할 경우에도 노동자들은 몇 톤이나 되는 거석을 운반해 매분 실수 없이 피라미드 위에 올려놓아야 한다. 고대의 인력과 물력, 그리고 사회 실정을 감안할 때 이는 거의 불가능한 일이다. 따라서 이집트 학자들은 30여 종 이상의 건축방식에 대한 분석을 통해 당시 이집트인의 기술과 능력으로는 이처럼 거대한 피라미드를 건설하는 것이 사실상 불가능하다고 판단하고 있다.

세계 각지의 피라미드

피라미드와 이집트 간에는 하나의 등식이 만들어지는 게 일반적이고, 이 둘의 관계는 마치 하나처럼 여겨진다. 하지만 피라미드는 이집트에만 있는 것이 아니다. 남미의 마야문명은 물론 미국 일리노이 주 커호키아에도 인디언들이 만든 피라미드 유적이 남아 있다. 물론 아시아에도 있다. 바로 중국 시안西安 지역에 있는 피라미드다.

각 지역의 특성에 따라 건축 재료와 건축 방식은 약간씩 다르지만 사각뿔 형태의 피라미드 범주에는 모두 포함된다. 또한 용도 측면에서도 단순히 고대 왕족의 무덤만으로 보기 어렵다는 공통점이 있다. 이러한 상황이 음모론을 부추기는 근거가 되었다. 대표적인 음모론은 외계 생명체가 지구로 이주해 지구문명을 건설했고, 이 과정에서 피라미드를 만들었다는 것이다. 또한 피라미드가 무덤이 아니라 다른 용도로 만들어 졌다는 주장도 제기되고 있다.

SF영화인 〈스타게이트〉에서는 피라미드가 거대한 외계 우주선의 착륙 플랫폼으로 묘사되고 있으며, 외계인들이 지구인 노예들에게 피라미드를 건설하도록 하고 있다. 그리고 1976년 바이킹호가 찍은 화성 사진에도 피라미드 형태를 가진 거대 구조물이 있었다고 한다.

외계 생명체가 피라미드를 건설했다는 주장은 사실 신빙성이 떨어져 보인다. 하지만 피라미드가 고대문명의 공통된 건축 유산이며, 건축 배치 면에서도 묘한 공통점을 가지고 있다는 것은 분명하다. 즉 이집트 기자 지역에 있는 세 피라미드의 배치는 오리온 별자리의 배치와 유사하며, 여타 지역의 피라미드 역시 이와 비슷하다는 것이다.

기자 지역에는 가장 큰 쿠푸왕의 피라미드를 비롯해 모두 세 개의 피라미드가 있다. 이 세 개의 피라미드를 연결해 보면 일직선으로 이어지지 않고 마지막 피라미드가 약 10도 정도 기울어져 연결된다. 이전부터 일부 학자들은 세 피라미드의 배치가 오리온 별자리의 배치와 유사하다고 주장했다.

남미에 있는 잉카문명의 피라미드.

이집트 지역에서만 이러한 배치가 이뤄졌다면 별 문제가 아닐 수 있지만 잉카문명과 중국 시안 지역의 피라미드에서도 이 같은 배치가 나타난다. 이 때문에 피라미드가 외계 생명체로부터 동일한 영향을 받아 만들어진 건축물이라는 주장에 힘이 실리기도 하고, 인류의 고대문명은 현대 고고학이 추정하는 것보다 훨씬 더 밀접한 교류를 했을 것이라는 추측도 나오고 있다.

고대국가 환국의 존재 여부

중국 시안 지역의 피라미드 역시 이집트 피라미드와 같은 배치를 보이고 있다는 점은 고대문명 간의 밀접한 교류 가능성을 반증한다. 시안 지역의 피라미드 축조 연대는 이집트보다 오래됐는데, 일부에서는 이 피라미드를 건설한 것이 바로 한민족의 고대국가인 환국이라고 주장하고 있다.

국내 역사학계에서는 정설로 인정하지 않는 《환단고기桓檀古記》에 따르면, 한민족이 중국 본토와 몽골지역에서 거대한 고대국가를 세웠으며, 점차 동쪽으로 이동하면서 현재의 한반도에 머물게 되었다고 한다. 고구려 역시 한반도 지역에 머물렀던 국가가 아니라 중국 본토의 상당 부분을 지배했던 환국에서 갈라져 나왔기 때문에 강력한 세력을 형성했을 것으로 보고 있다.

환국의 존재 여부에 대해서는 가능성이 충분하다는 시각이 많다. 즉 한민족이 환국에서 갈라져 나왔다는 것인데, 이는 아리아족의 이주 역사와 비교되기도 한다. 아리아족은 중앙아시아에서 살다가 동서남북으로 흩어지게 된다. 이들은 인도를 정복해 지배했으며, 유럽으로 흘러들어가 게르만족, 라틴족, 슬라브족에 융화됐다. 터키 지역 사람들도 아리아족의 후예이며, 유럽 원주민인 켈트족 역시 아리아족의 한 갈래다.

환국 역시 원래 한 민족이었다가 캄차카 반도 쪽의 민족은 아메리카로 건너가 인디언의 조상이 되고, 메소포타미아 지방으로 간 민족은 수메르인의 직접적인 조상이 되었다고 한다. 이와 함께 중앙아시아 일부 지역에 살던 사람들은 흉노와 돌궐의 조상이 된 것으로 추정되고 있다. 특히 환국 말기에 보낸 3000명의 사람들 중 일부는 반고를 따라 떨어져 나가 묘족의 조상이 됐고, 환웅을 따른 사람들은 한민족이 됐다는 주장이 있다. 시안 지역의 피라미드를 건설한 것이 한민족의 고대국가인 환국이라는 설은 이 같은 배경에서 출발한다고 볼 수 있다

환국이 피라미드의 원조

시안 지역의 피라미드는 중국의 고대 왕릉처럼 흙으로 덮여 있다. 하지만 흙무덤만으로는 사각뿔 형태를 수천 년 간 유지하기 어렵기 때문에 흙무덤 아래는 석조 건축물 형태의 피라미드가 있을 것으로 추정되고 있다. 최근 들어 중국은 이 흙무덤에 나무를 심는 등의 작업을 하고 있다. 하지만 구체적인 발굴조사는 진행하지 않거나 발굴을 하더라도 그 내용을 공개하지 않고 있다. 현재 중국은 시안 지역의 피라미드를 자신들의 문화유산이라고 주장하고 있다. 즉 중국 고대국가의 왕릉에 불과하다는

고대 왕릉처럼 흙으로 덮여 있는 중국 시안 지역의 피라미드.

것이다. 하지만 중국 민족의 문화유산이라면 대대적으로 홍보하며 유네스코의 세계문화유산 등록을 서둘러야 하지만 이 같은 움직임은 거의 없는 상태다.

이러한 중국의 입장과 달리 국내 민간사학자들은 이 피라미드가 중국의 황하문명 형성 이전에 건설되었을 것으로 보고 있다. 건축시기가 황하문명 이전이라면 중국 민족이 건설한 것으로 보기 어려워진다. 중국이 1970년대 이후 피라미드 발굴을 중단하고 외부에 공개조차 하지 않는 것이 이 같은 시각에 힘을 실어주고 있다. 일부에서는 중국이 피라미드에서 동이족의 유물이 발견되자 이에 대한 공개를 봉쇄하고, 오히려 동북공정을 통해 고구려 역사의 중국 편입을 시도하고 있다는 주장까지 하고 있다.

이러한 상황을 바탕으로 국내 음모론자들은 한민족의 조상인 고대국가 환국이 처음으로 피라미드 형태의 건축물을 건설했고, 이 문명의 영향으로 이집트의 피라미드가 건설되었을 뿐만 아니라 북미지역과 남미지역의 피라미드 건설에도 영향을 미쳤다고 주장하고 있다. 이집트 지역에서 시작된 피라미드 건축이 북미와 남미지역에까지 영향을 미쳤다는 것보다 설득력이 있어 보이는 주장이다. 피라미드 건축이 중국 본토와 연결된 베링 해와 알래스카를 거쳐 북미지역과 남미지역으로 전파되었다는 주장이 지리적으로도 타당하기 때문이다. 또한 고구려의 석조 건축물에 남아 있는 피라미드의 흔적도 이 같은 음모론에 힘을 실어주고 있다. 음모론자들은 피라미드는 고구려의 전형적인 왕릉 형태로, 이는 북한 지역에서 발굴된 왕릉의 예에서도 알 수 있다고 주장한다. 실제로 고구려의 장군총과 무용총 같은 왕릉들은 석조 건축물의 외부를 흙으로 덮은 형태다.

하지만 일부에서는 이러한 주장을 지나친 국수주의적 시각이라고 보고 있다. 즉 시안 지역의 피라미드는 한나라 시대의 고분이며, 이 무덤들은 벌써 오래전부터 주인이 알려져 있다는 것이다. 무엇이 진실인지는 좀 더 많은 연구가 진행되어야 할 것으로 보인다.

UFO 실제로
지구인이 만들었다

UFO의 존재는 그야말로 심심하면 불거지는 흔한 음모론의 하나다. 히틀러가 아직 살아 있다는 얘기 역시 마찬가지인데, 이 두 가지가 하나로 합쳐진 음모론도 있다. 히틀러가 UFO 개발에 성공했으며 곧 지구 정복에 나설 계획이라는 것이다. 초등학생조차 얼토당토않다고 할 만한 얘기지만 외계인이 아니라 지구인의 손에 의해 UFO가 만들어졌다는 부분은 어느 정도 사실에 기반하고 있다. UFO가 가진 이상적 성능에 매료된 많은 연구자와 국가들이 UFO를 모방한 혁신적 비행체 개발에 뛰어들었기 때문이다. 지구인이 만든 UFO, 그것은 과연 실제로 존재하는 것일까.

1980년 일본의 저널리스트 오치아이 노부히코落合信彦는 《20세기 최후의 진실》이라는 논픽션을 펴냈다. 이 책에서 그는 "제2차 세계대전 후 도망친 독일 나치의 잔당이 칠레에 공동체를 만들어 살고 있는데, 그들은 고도의 과학기술로 UFO를 제조해 날리고 있다."는 충격적인 주장을 펼쳤다. 또한 그는 "나치가 이끄는 독일군의 UFO는 이미 제2차 세계대전 중에 시험 제작기가 완성됐다."고 주장했다. 오치아이는 당시 일본 학생과 직장인들 사이에서 절대적인 인기를 누리던 유명 저널리스트였고 CIA 등 각국 정보기관에 친구들도 있었다. 그가 책에 기술한 모든 내용을 본인이 칠레 현지에서 직접 취재해 얻은 틀림없는 사실이라고 주장했기 때문에 파문은 더욱 확산됐다. 이 책은《라스트 바탈리온》이라는 번역판으로 국내에 출판되기도 했다.

이후에 책의 내용이 정정되거나 증명된 적은 없다. 이 책에서 저자가 만났다고 한 전 나치 당원 '피닉스'의 정체에 대해서도 제대로 밝혀진 것은 없이 이설만 분분하다. 이후 오치아이의 책은 숱한 아류작을 만들어냈고, 오늘날까지도 끈질긴 생명력을 자랑하며 황색언론의 지면을 장식하고 있다.

나치 잔당들이 UFO를 만들고 있다

사실 오치아이의 주장은 입증할 만한 객관적 증거가 아무것도 없다. 하지만 그의 주장에 관심을 보이는 이유는 따로 있다. 실제로 나치 독일은 제2차 세계대전 이전 UFO를 모방한 원반형 항공기를 개발한 적이 있는데, 오치아이의 주장이 그러한 역사적 사실에 어느 정도 기반하고 있는 것이다. 물론 독일제 원반형 항공기는 다만 직각비행이 가능할 뿐이고, UFO 같은 최첨단 기술의 산물은 아니었다.

그런데 이 항공기는 놀랍게도 한 농부의 취미생활에서 출발한 작품이었다. 1930년대 독일에 살던 농부인 아르투르 자크Arthur Sack는 비행 가능한 항공기 모형을 만들어 날리는 취미를 가지고 있었다. 제2차 세계대전이 발발하기 직전인 1939년 6월 그는 제1회 전국 내연기관장착 모형항공기대회에 출전하여 AS-1이라는 모형항공기를 선보였다. 특이하게도 이 모형항공기의 날개는 원반형이었다. 이 모형항공기의 비행성능은 특이한 외형만큼 뛰어나지 못해서 장착된 모터를 아무리 돌려도 혼자 힘으로 이륙조차 할 수 없는 수준이었다. 그러나 자크가 자포자기하는 심정으로 모형항공기를 손으로 들어올려 허공 속에 날리자 기적이 일어났다. 스스로 이륙도 못하던 이 모형항공기가 무려 100미터를 직선 비행하여 결승점까지 도달한 것이다. 이 퍼포먼스는 당시 독일 공군의 연구개발본부장이던 에른스트 우데트Ernst Udet 장군의 눈길을 끌었다. 이 원반형 날개 항공기에서 기존의 항공기가 갖지 못한 기술적 장점을 보았기 때문이다.

기존의 항공기 주익 설계에서는 하나가 좋으면 반드시 다른 하나가 좋지 않았다. 예를 들어 글라이더처럼 폭이 넓은 직선형 날개를 가진 항공기는 비교적 낮은 속도에서도 이착륙이 가능하다. 양력이 많이 발생되기 때문이다. 따라서 이런 항공기는 활주거리도 짧고, 실을 수 있는 짐의 무게도 비교적 많다. 그러나 직선형 날개는 공기저항이 너무 심해 추력이 낭비되기 때문에 고속을 내기 힘들다.

그래서 고속을 내야 하는 항공기, 특히 전투기의 날개는 비교적 폭이 좁고, 높은 후퇴각을 갖춘 후퇴 날개로 만들어진다. 그러나 후퇴 날개도 단점은 있다. 바로 저속 영역으로 들어가면 양력이 급격히 떨어져 착륙시키기 어렵고 실속이 일어나 추락할 위험성이 높다는 것이다. 때문에 이러한 안전상 문제를 줄이기 위해 후퇴 날개를 가진 항공기의 이착륙 속도는 거의 예외 없이 상당히 빠르다. 전투기의 착륙장면을 유심히 보면 착륙 후 꽁무니에서 드래그슈트라는 감속용 낙하산이 펼쳐지는 것을 볼 수 있다. 이는 워낙 착륙속도가 빠르기 때문에 제동에 필요한 긴 착륙 활주거리를 줄이기 위한 수단이다. 현대의 항공기 중에는 후퇴각을

아르투르 자크가 원반형 날개에 주목했던 에른스트 우데트 장군의 지원으로 제2차 세계대전 말기인 1944년에 만든 유인 원반형 항공기 AS-6.

자유롭게 조절할 수 있는 가변 날개를 사용해 이착륙 시에는 직선익으로, 고속비행 시에는 후퇴익으로 날개 모양을 바꾸는 항공기도 있다. 미국의 F-14나 F-111, 유럽의 토네이도 등이 가변익기에 해당한다. 하지만 가변 날개는 작동에 필요한 기계적 구조가 너무 복잡하다.

당시 우데트 장군은 복잡한 기계적 구조 없이도 이착륙 및 고속 비행시 모두 안정된 성능을 낼 수 있는 대안으로 원반형 날개에 주목했던 것으로 보인다. 자크는 우데트 장군의 공식적 지원으로 AS-1을 확장한 모형항공기 'AS-5'를 만들었고, 이 항공기 성능에 자신감을 얻어 제2차 세계대전 말기인 1944년에는 유인 원반형 항공기 'AS-6'를 만들기에 이른다. 기체는 목재로 만들었지만 나머지 조종석이나 착륙장치, 엔진 등의 구성품들은 모두 다른 항공기에서 빌려왔다.

자크는 AS-6를 독일 공군 브란디스 기지로 가져가 날리려고 했다. 그러나 이 항공기는 지상에서 시험 활주를 여러 차례 반복했을 뿐 단한 번도 하늘을 날지 못했다. 원인으로는 엔진추력 부족, 조종면이나 무게중심의 위치 및 받음각 불량 등이 거론됐다.

당시 전황은 독일 측에 불리하게 전개되고 있었다. 당장 눈앞에 들이닥친 연합군을 상대하기도 벅찬 독일로서는 이러한 실험용 항공기에까지 자원을 배분해줄 여력이 없었다. 결국 AS-6는 단 한 번도 날지 못한 채 브란디스 기지에 주기되어 있다가 연합군 전폭기의 폭격으로 격파되고 말았다. 하지만 AS-6는 오늘날까지도 잊을 만하면 끊임없이 떠오르는 '나치 UFO 전설'의 원조가 됐다.

코안다 효과를 이용한 원반형 항공기

원반형 날개의 잠재력에 주목한 것은 독일만이 아니었다. 바다 건너 그들의 적국인 미국 역시 원반형 날개를 갖춘 항공기를 만들고 있었다.

원반형 날개의 성능에 주목한 미국 항공회사 보우트의 엔지니어 찰스 짐머만Chales F. Zimmerman은 1942년 실험용 원반형 항공기 'V-173 플라잉 팬케이크'를 만들어 100회 이상의 시험비행에 성공했다. 또한 미해군과 계약을 맺고 V-173를 확대한 모델 'XF5U-1'도 만들었다. 그

미국 엔지니어 찰스 짐머만이 해군과 계약을 맺고 만든 XF5U-1.

러나 XF5U-1의 운명은 V-173만큼 좋지 못했다. XF5U-1 개발은 제2차 세계대전이 끝난 후까지 지지부진 이어졌는데, 이때는 프로펠러 항공기가 차츰 사라지고 제트엔진 항공기가 도입되던 시대였다. 결국 1947년 해군은 XF5U-1 개발 계획을 취소시켰고, 이미 만들어진 두 대의 시제기는 철거용 철구를 통해 무참히 폐기처분 됐다. XF5U-1은 단 한 번도 제대로 된 비행을 하지 못한 셈이다.

그러나 원반형 항공기를 향한 시도는 그 이후로도 계속해서 이어졌다. 1950년대에 캐나다 항공사 아브로 캐나다는 2인승 원반형 항공기인 'VZ-9V 에이브로카'를 선보였다. 이 항공기는 과거의 원반형 항공기처럼 그저 원반형 날개를 달기만 한 것이 아니라 상당한 기술혁신을 이룬 것이었다. VZ-9V는 세 대의 터보팬 엔진을 이용해 기체 상면 정중앙의 양력 발생용 팬을 구동하고, 유체가 만곡부 표면을 흐를 때 표면에 흡착되는 '코안다 효과'를 통해 배기 방향을 바꿈으로써 원하는 방향으로 나아갈 수 있는 것은 물론이고 수직 이착륙과 제자리비행까지 가능했다. VZ-9V는 기체 중앙의 양력 발생용 팬에서 나온 공기를 기체 외벽을 따라 흐르게 함으로써 코안다 효과를 얻는 구조였다. 처음 개발 계획은 캐나다에서 진행됐으나 수직 이착륙이 가능한 전투기를 원하던 미 공군이 1954년 계획을 인수해 갔다.

하지만 이후 VZ-9V의 시험비행 성능은 실망스러웠다. 무엇보다도 이 항공기는 고도가 2미터 이상 높아지면 안정성을 잃는 경우가 다반사였다. 게다가 조종장치가 너무 복잡했다. 불필요한 움직임을 차단하고 항공기의 안정성을 유지하는 자동조종장치가 필수적이었지만 이 자동조종장치의 성능도 원하는 만큼은 아니었다. 결국 미 공군은 VZ-9V 연구에 1000만 달러를 투입한 후인 1961년 계획을 중도 포기하고 말았다.

이밖에 1954년 미국 항공기 제작사인 록히드(현 록히드 마틴)가 원반형 항공기의 특허를 출원한 바 있다. 록히드는 원반형 항공기야말로 구조강도, 수직 이착륙 시의 안정성, 항공역학적 효율, 내부 화물 및 연료탑재공간 면에서 다른 항공기와 비교할 수 없이 탁월하다고 판단했으나 이후 따로 원반형 항공기를 만들지는 않았다.

이후로도 원반형 항공기의 매력에 빠진 이들은 많았다. 21세기 들어서는 무인항공기UAV라는 형태로 원반형 항공기가 다시 부활했다. 현재 대표적인 원반형 UAV는 미국 시코르스키의 '사이퍼', 하니웰의 'T-호크', 영국 에시르의 '엠블라' 등이 있다. 이 세 UAV는 모두 수직 이착륙 및 제자리비행이 가능하며, 주로 전투나 재해구난 시 정찰 용도로 사용된다. 이 같은 원반형 항공기보다 비교적 크게 성공을 거둔 이형異型 항공기로는 전익기를 들 수 있다. 이는 꼬리날개와 동체 없이 기체 전체가 주익만으로 이루어진 고정익 항공기로 탑승원을 비롯한 모든 화물과 장비가 주익 속에 수납된다. 전익기는 항공역학 및 구조중량적으로 볼 때 가장 이상적인 항공기다. 항력을 크게 발생시키던 기존 항공기의 동체와 미익이 없고, 항공기 양력 대부분을 발생시키는 주 날개로만 이루어져 있기 때문에 양력 대 항력비가 극히 우수하다.

일부 음모론자들은 다목적 스텔스 폭격기 B-2의 파격적인 외관을 보고 "외계인으로부터 에일리언 테크놀로지를 얻어 만든 지구 UFO"라고 주장하기도 했다. 하지만 전익기는 갑자기 나타난 것이 아니라 20세기 초부터 연구되어 왔다. 1910년 독일의 후고 융커스Hugo Junkers는 이미 전익기 개념의 특허를 냈다. 이후 항공연구가이자 나치 당원으로 독일 공군이었던 호르텐 형제가 1930년대 초반부터 전익기 글라이더를 만들어 날리는 등 전익기에 대한 활발한 연구를 수행했다. 이들이 만든 'Ho229'는 세계 최초의 제트추진 전익기로서 1945년 2월 엔진을 달고 성공리에 시험비행을 해냈다. 당시 Ho229는 독일 공군이 원하던 3×1000 폭격기(1000킬로그램의 폭탄을 싣고 시속 1000킬로미터로 1000킬로미터 떨어진 목표를 타격할 수 있는 폭격기) 구실을 해 줄 것으로 기대를 모았으나 나치 독일은 몇 달 후 패망하고 말았다.

미국 역시 일찌감치 전익기의 잠재력에 주목하여 제2차 세계대전 중 전익기 개발에 몰두했다. 이때 만들어진 기체 중 대량으로 채용되기 직전까지 간 전익기가 노드롭의 폭격기 'B-35'와 그것의 제트화 버전인 'YB-49'이다. 하지만 이 두 항공기는 도합 10여 대 남짓이 생산됐을 뿐이며 얼마 지나지 않은 1950년 개발계획이 취소되어 모두 폐기처분되고 말았다. 이유는 전익기의 태생적 문제인 비행안정성 결여 때문이었

외관을 보고 외계인으로부터 에일리언 테크놀로지를 얻어 만든 지구 UFO라고 주장하기도 하는 다목적 스텔스 폭격기 B-2 스피릿.

다. 전익기에서 없애버린 동체와 꼬리날개는 비록 양력은 만들지 못하지만 비행안정성을 확보해주는 역할을 한다. 전익기는 이 부분이 없기 때문에 오직 주익의 조종면만으로 비행안정성을 확보해야 하는 어려움이 따른 것이다. 물론 오늘날은 이 같은 전익기의 고질적 문제가 말끔히 해소된 상태다.

계속 목격되는 지구 UFO

UFO 같은 원반형 항공기를 향한 지구인의 꿈은 오늘날까지 변함없이 이어지고 있다. 최근 가장 주목할 만한 것은 미국의 전략정찰기라고 일컬어지는 '오로라'다. 미국은 1998년, 약 30여 년간 잘 사용하던 마하 3급 전략정찰기 'SR-71'를 퇴역시켰다. 그 이후 SR-71의 후계기, 즉 국경 너머로의 정찰이 가능한 유인 정찰기를 미국이 새로 개발해 쓰고 있을지도 모른다는 의혹이 꾸준히 제기되고 있다. 이 같은 의혹에는 충분한 근거가 있다. 이미 1980년대 후반부터 수상한 군용항공기에 대한 목격담이 하나둘씩 들려왔기 때문이다.

1989년 8월 북해의 잭업 바지선에 타고 있던 영국인 엔지니어 크리스 깁슨은 이상한 삼각형 항공기가 공중급유기 'KC-135'로부터 급유를 받는 모습을 목격했다. 깁슨은 1980년대 초반 군복무 중에 국제 항공기 식별대회에서 상을 타기도 한 인물이었다. 그런 그가 모르는 항공기가 있다면 그것은 분명 뭔가 이상한 새로운 기체라고 할 수밖에 없었다. 1991년 후반 미국 사우스 캘리포니아에서는 정체불명의 소닉 붐이 대단히 여러 차례 포착됐다. 이 소닉 붐은 약 8~10킬로미터 상공을 마하 5~6의 속도로 비행하는 소형 항공기에서 나온 것으로 추정됐다.

1992년 3월에는 텍사스 애머릴로에서 정체불명의 항공기 비행운

이 촬영되기도 했다. 이후에는 아마추어 무선 동호인이 오로라로 생각되는 정체불명 항공기에서 나온 것으로 추정되는 무선을 감청했으며, 2009년 10월에는 미국의 폭스TV가 이란 미사일 실험 당시 정체불명의 비행체가 미사일 근처의 구름을 가르고 날아가는 모습을 찍은 동영상이 공개되기도 했다.

조금 더 특별한 비행을 위해

오로라가 실재한다면 속도는 마하 5~6, 작전고도는 약 30킬로미터일 것이다. 그리고 이런 괴물을 만들 능력이 있는 항공기업은 미국 내에서도 록히드마틴 또는 노드롭그루먼 정도일 것으로 추정된다. 사실 냉정하게 따지자면 이만한 성능을 가진 항공기를 못 만들 이유는 없다. 미국이 1950년대에 만든 유인실험기 X-15는 이미 1960년대에 속도 마하 6.7, 고도 107.8킬로미터를 넘었고, 현재 시험중인 무인실험기 X-51도 무려 마하 9.8이라는 엄청난 속도를 지니고 있기 때문이다. 그러나 미국 정부는 오로라의 존재 자체를 철저히 부인하고 있다. 오로라의 존재여부를 알려줄 수 있는 것은 시간의 경과에 따른 기밀 해제뿐인지도 모른다.

하늘을 날게 되면서 인간은 다양한 이형의 항공기들을 만들어냈다. 더 빠르게, 더 높이, 더 멀리 날려고 할수록 그 모습은 점점 상식을 벗어나는 기묘한 모습이 되기 십상이다. 지금도 어느 나라나 기업에서는 특수한 목적을 위해 비밀리에 기묘한 모습의 항공기들을 날리고 있고, 그것을 우연히 본 호사가들은 구구한 억측을 지어내고 있지만 세월이 흐르면서 나타난 진실은 의외로 간단한 경우가 많다. 하지만 간단하다고 해서 재미가 없지는 않다. 그 속에는 남보다 좀 더 특이하게 날고 싶어 했던 수많은 사람들의 사연과 눈물과 땀이 배어 있기 때문이다.

또 다른 세상으로 가는 은밀한 통로
블루홀

지구의 7할은 바다다. 하지만 기술력의 한계 때문에 인류가 지금껏 탐사를 마친 바다는 전체의 5퍼센트에 불과하다. 바다 깊숙한 곳 어디쯤 미지의 세계가 숨어 있다고 해도 그리 놀라운 일이 아닌 셈이다. 심해의 거대한 구멍 블루홀Blue Hole 역시 그 같은 상상을 불러일으키기에 충분하다.

우주에 모든 물질과 시공간을 삼켜버리는 블랙홀이 있다면 바닷속에는 거대한 구멍인 블루홀이 있다. 현재 블루홀로 명명되는 장소는 필리핀과 이집트 인근의 해역이 대표적이며 그 수심은 보통 100미터를 넘는다. 몇몇 사람들은 인류의 현 기술로는 그 깊이를 정확히 측정하는 것 자체가 불가능하다고 주장하기도 한다. 엄청난 깊이를 증명하듯 블루홀은 주변의 얕은 바다와 현저히 대비되는 검푸른색을 띤다. 해수면에서 가까운 10미터 정도까지는 연한 에메랄드빛이지만 이후부터는 극명하게 짙은 파란빛이 펼쳐진다. 그곳으로부터 해저 절벽이 시작되는데 스쿠버다이버들이 다이빙 포인트로 손꼽는 명소이기도 하다. 그런데 아이러니하게도 이처럼 좋은 다이빙 포인트에서 많은 다이버들이 유명幽明을 달리했다. 알려진 바에 따르면 전 세계 1000여 명의 다이버들이 블루홀에서 목숨을 잃었다고 한다. 그래서 블루홀은 '다이버들의 무덤'이라고 불린다.

다이버들이 어떤 이유로 사망에 이르렀는지는 아직까지 명확히 밝혀진 바가 없다. 이는 기껏해야 깊이 외에는 블루홀에 대해 알고 있는 게 없다는 의미이기도 하다. 그럼에도 여전히 미지의 해역으로 향하는 용감무쌍한 다이버들의 발걸음은 멈추지 않고 있다. 다이버들이 생명의 위험을 무릅쓰면서까지 이곳을 찾는 이유는 무엇일까? 블루홀의 악명이 오히려 모험심을 자극한 것도 한 요인이지만 블루홀 자체가 지닌 특유의 신비한 풍광 때문이기도 할 것이다. 블루홀을 경험한 다이버들은 짙푸른 빛깔의 바닷물과 그 아래로 펼쳐진 심해 세상이 매혹 그 자체라고 전한다. 우리가 지상에서 한 번도 경험하지 못한 아름다운 경관은 물론 각종 희귀한 동식물들이 블루홀 곳곳에 포진해 있다는 설명이다. 다이버들에게 블루홀은 무덤이 될지도 모르는 위험천만한 곳인 동시에 천국인 셈이다.

다이버의 무덤이자 천국

그동안 많은 탐험가들에 의해 블루홀에 대한 조사가 이뤄졌고 지금도 계속되고 있지만 신비의 베일은 쉽사리 벗겨지지 않고 있다. 어떻게 심해에 이토록 거대한 구멍이 형성될 수 있었는지에 대해서도 의견이 분분하다. 그나마 과학적으로 가장 설득력 있는 견해는 기존에 있었던 해저동굴이 붕괴되거나 해저암석이 용해되면서 바다 한곳이 움푹 패여 둥근 구멍의 블루홀이 만들어졌다는 추측이다. 그 모습이 퍼뜩 떠오르지 않는다면 실화를 바탕으로 제작된 해저탐험 영화 〈생텀〉(2011)을 떠올리면 된다. 영화의 배경이 된 파푸아뉴기니의 '에사 알라Esa Ala' 해저동굴은 아직 인간의 발길이 닿지 않은 미탐험지로, 영화 속에서 3D로 구성된 에사 알라의 모습은 실제 블루홀을 꼭 닮았다.

오늘날 알려진 블루홀 가운데 전 세계에서 가장 유명한 곳은 '그레이트 블루홀Great Blue Hole' 이다. 유카탄 반도 남동부 연안의 작은 나라 벨리즈에 위치한 이 블루홀은 '세상에서 가장 깊은 바다 구멍' 으로 불린다. 깊이는 약 125미터, 지름은 300미터인데, 항간에는 깊이가 200미터를 넘는다는 소문도 있다. 약 6만5000년 전 해수면 상승으로 석회암이 녹으면서 형성됐다고 알려져 있지만 학술적으로 정확히 증명된 것은 아니다. 그레이트 블루홀의 내부에는 많은 산호들이 있는데 주변에 살고 있는 물고기들이 무려 100여 종이 넘는다고 한다. 덕분에 이곳은 유네스코 세계자연유산으로도 지정되어 있다. 2008년에는 유명 순위 소개 사이트인 '리스트유니버스Listverse.com' 가 선정한 '지구상의 가장 놀랍고 아름다운 구멍 10' 에 과테말라의 싱크홀sink hole, 남아프리카공화국의 킴벌리 다이아몬드 광산 등과 함께 이름을 올리기도 했다.

그러나 공식적으로 가장 깊은 블루홀은 그레이트 블루홀이 아니라 바하마제도 롱아일랜드에 있는 '딘 블루홀Dean's Blue Hole' 이다. 이곳은 깊이가 무려 200미터 이상으로 지구상에서 가장 깊은 해저동굴로 기록되어 있다. 세계적인 다이버 윌리엄 트루브리지William Trubridge가 산소통 없이 3분 56초 동안

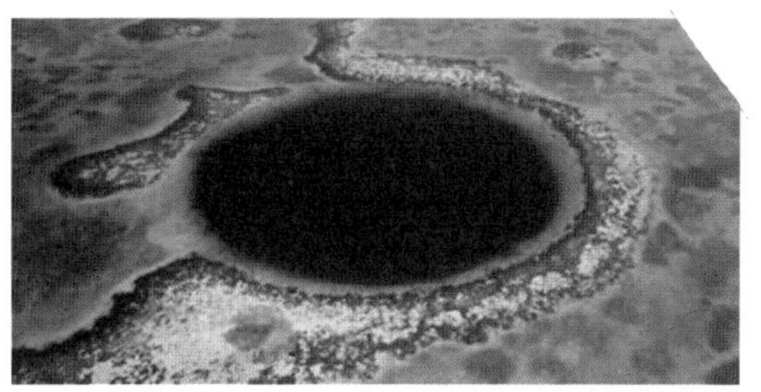

유카탄 반도 남동부 연안의 작은 나라 벨리즈에 위치한 세계에서 가장 유명한 그레이트 블루홀.

93미터까지 잠수해 화제가 된 곳이기도 하다. 그런데 그레이트 블루홀의 지름이 300미터에 육박하는 반면 딘 블루홀의 지름은 30미터에 불과(?)하다.

필리핀 남쪽의 작은 섬나라 팔라우의 블루홀도 빼놓을 수 없는 명소다. 신이 내린 곳으로 칭송받는 팔라우 블루홀은 부채산호, 회초리산호 등 700여 종의 산호와 잭피쉬, 왕쥐가오리 등 1500종 이상의 물고기가 서식하고 있다. 수심은 다른 블루홀들에 비해 낮은 편이지만 그 곁의 절벽에 위치한 블루 코너와 함께 전 세계 다이버들이 가장 사랑하는 장소다. 이밖에 이집트 시나이반도 남부의 관광도시 다합의 블루홀과 괌 중동부 아프라 항구의 블루홀도 유명하다. 깊이는 각각 130미터, 145미터 정도다.

지금까지 언급된 블루홀들은 하나같이 뛰어난 경관을 자랑하며 언제나 전 세계 다이빙 포인트 랭킹에 거론되는 곳들이다. 사람을 끌어들이는 듯한 오묘한 매력에 빠져 다이버들은 먼길을 마다않고 블루홀을 찾는다.

의문의 죽음

앞서 밝혔듯이 블루홀은 다이버들의 목숨을 앗아간 공포의 장소이기도 하다. 이집트 다합 블루홀에는 현지에서 운명을 달리한 다이버들의 묘비가 즐비한데, 묘비들에는 이런 문구가 적혀 있다고 한다. "영원히 다이빙을 즐겨라Enjoy your dive forever." 묘비 주인이 겪었을 고통을 생각하면 정말 오싹한 말이 아닐 수 없다.

블루홀의 가장 미스터리한 대목이 바로 다이버들의 죽음에 관한 부분이다. 깊은 수심 때문에 위험이 잠재되어 있다는 데는 이견이 없지만 도무지 사고의 정확한 원인을 진단할 수 없다는 점이 많은 이들의 고개를 갸웃거리게 만든다.

블루홀에서 사고를 당한 여러 다이버들 중 대표적인 사람은 러시아의 유리 립스키Yuri Lipski로, 그는 2000년 다합 블루홀에서 스물두 살의 꽃다운 나이로 숨을 거뒀다. 다이빙 직후부터 숨을 거두기까지 모든 상황이 그가 지녔던 특수카메라에 고스란히 담겼는데, 가족과 동료들은 사고 원인 분석을 위해 영상을 확인한 뒤 큰 충격을 받았다. 무성한 산호초 사이로 형형색색의 물고기들이 떼를 지어 유영하는 아름다운 풍광 속에서 순조롭게 탐사를 진행하던 립스키는 어느 순간 알 수 없는 힘에 의해 분당 30미터의 속도로 빠르게 하강했다. 하강 중에 무거운 장비들이 벗겨졌는데도 그의 하강 속도는 줄어들지 않았다. 이후 약 90미터 지점에 이르러 그는 완전히 패닉상태에 빠졌고, 결국 호흡기마저 벗겨진 채 모랫바닥을 뒹굴다가 익사하고 말았다.

립스키가 어느 순간 무엇 때문에 급격히 심해로 가라앉게 됐는지는 지금도 미스터리다. 다만 상식적으로 몇 가지 원인을 추정해볼 수 있는데, 장비의 파손이나 거친 수괴水塊 및 해류의 생성, 상어 같은 생물의 습격 등이 그것이다. 또한 체내 질소량 증가에 따른 질식, 경험 부족에 의한 부력 조절 실패 등도 사고를 일으킬 수 있는 요인의 하나로 언급되고 있다. 이러한 요소들은 어느 것 하나 확실한 것이 없지만 그렇다고 가능성을 배제할 수도 없다. 특히 질소량이 증가해 질식했다는 가정은 설득력이 높다. 다이버들이 호흡을 위해 착용하는 산소통은 그 명칭과 달리 산소가 100퍼센트 들어 있는 것이 아니라 일반 공기처럼 산소와 질소가 2:8 정도로 들어 있다. 그런데 수압이 높으면 호흡을 통해 체내로 들어간 질소가 잘 빠져나가지 못하고 혈액 속에 그대로 녹아버려 질식을

전 세계 1000여 명의 다이버들이 목숨을 잃어 '다이버들의 무덤'이라고 불리는 바닷속 블루홀. 지구공동설을 믿는 사람들은 블루홀을 새로운 세계로 들어가는 관문이라고 생각한다.

유발할 개연성이 있다. 흔히 말하는 잠수병도 다이버가 수면 위로 빠르게 상승할 때 혈액에 녹아든 질소가 기포로 변하면서 혈관을 막거나 통증을 유발해서 발병하는 것이다.

대개 수심 10미터를 하강할 때마다 수압은 1기압씩 높아진다. 1기압의 압력은 흔히 공기를 가득 머금은 풍선의 부피가 반으로 줄어드는 정도로 비유된다. 우리 몸에서 공기의 순환기능을 담당하는 폐도 마찬가지다. 수심 50미터에 이르면 폐의 크기가 평상시의 5분의 1로 줄어든다. 또한 그 반작용으로 폐 내부의 공기밀도는 다섯 배로 높아진다.

이런 이유로 수중장비를 착용했더라도 일반 다이버들은 가급적 수심 40미터 이상은 내려가지 않는다. 결국 수심 100미터까지 들어간 립스키의 경우 엄청난 압력을 받았음을 짐작할 수 있다.

새로운 세계로 통하는 문

하지만 각종 인터넷 사이트에서 립스키의 사고 영상을 접한 네티즌들은 과학적 근거에 기반한 이 같은 논리를 좀처럼 인정하지 않고, 그저 불가사의한 미스터리로 받아들인다. 그것은 일단 립스키가 80~90미터 깊이에서 급격히 바닥으로 가라앉는 순간이 시커먼 구멍 속에서 미지의 힘이 그를 잡아당기는 것처럼 보이기 때문으로 판단된다. 네티즌들 중에는 마치 괴물이 입을 벌리고 다가와 삼키는 것 같다고 표현하는 이들도 있다. 여기에 기계 등을 이용한 인공 동력 없이는 사람이 그처럼 빠른 속도로 빨려 들어갈 수 없다는 다소 전문적인 견해가 더해지며 논란은 더욱 증폭됐다.

게다가 영상에서는 립스키가 가라앉기 시작할 무렵부터 아주 희미하게 '헬프Help'를 외치며 도움을 요청하는 목소리가 들리는데 이를 두고도 각종 설이 난무한다. 극단적인 사람들은 목소리의 주인공이 립스키가 아니며, 그를 잡아당긴 미지의 존재라고 주장하기도 한다. 이전에 동일 장소에서 사고를 당한 원혼과 같은 존재 말이다. 일견 동양의 물귀신 괴담과도 흡사한 관점이다.

이와 유사한 시각에서 버뮤다 삼각지대를 언급하는 이들도 있다. 그곳을 지나는 선박이나 항공기가 감쪽같이 사라져 마魔의 해역으로 불리는 버뮤다 삼각지대처럼 립스키의 사고도 원인이 불분명한 초현실적 현상으로 해석하는 것이다. 그렇다면 미스터리 신봉자들의 주장처럼 블루홀은 정말 초현실적 공간일까. 그리고 이들의 설명대로 지구 깊숙한 곳에는 우리가 미처 알지 못하는 다른 세계가 있으며 블루홀이 그 세계로 통하는 일종의 관문인 것일까.

이 주장을 듣다보면 자연히 지구공동설 같은 또 다른 담론이 떠오른다. 19~20세기에 유행했으며 히틀러와 달라이 라마 등이 지지하면서 오늘날까지 사람들에게 널리 회자되고 있는 지구공동설은 지구의 속이 도넛처럼 텅 비어 있으며 그 공간에 우리와는 또 다른 생명체가 살고 있다는 가설이다. 참고로 지구공동설에 기초한 SF영화 〈잃어버린 세계를 찾아서>에는 태양어-솔라라 마루라는 히브리어와 비슷한 언어를 사용하는 신인류가 등장한다. 지구공동설의 지지자들은 심지어 남극이나 북극 어디쯤 그곳으로 갈 수 있는 입구가 있다고 말한다. 이를 감안하면 굳이 극지대가 아니더라도 제3의 장소가 문이 될 가능성을 배제할 수 없다. 또한 그 문이 블루홀이 아니란 법도 없다.

자연의 신비와 공포

블루홀에서 희생된 다이버 대부분의 시신을 찾을 수 없었다는 점 역시 이런 분석에 힘을 실어주는 부분이다. 물론 유리 립스키의 시신은 사고 다음날 동료들에 의해 인양됐다. 그런데 또 이상한 것은 익사자로 볼 수 없을 만큼 멀쩡한 상태였다는 사실이다.

현재 지구공동설의 근거로 제시된 사안들은 대부분 괴변이거나 오해, 실수에 의한 것으로 드러났다. 하지만 지구 내부를 열어 직접 확인해보기 전에는 누구도 이를 100퍼센트 부정하거나 긍정할 수 없다는 게 지구공동설을 옹호하는 사람들의 항변이다.

주지하다시피 블루홀의 희생자는 립스키 외에도 많다. 전 세계 수십여 곳의 블루홀들이 하나같이 다이버의 무덤으로 불릴 정도다. 전해지는 바에 따르면 지금까지 다합 블루홀에서만 40여 명, 전 세계를 통틀어 최대 1000여 명의 다이버들이 블루홀에서 최후를 맞았다. 인터넷에서는 블루홀 바닥에 다이버들의 유해와 함께 그들이 사용하던 각종 장비들이 뒹굴고 있는 영상도 심심찮게 찾아볼 수 있다. 물론 개중에는 네티즌들의 장난이 가미된 컴퓨터 그래픽 합성 영상도 적지 않다.

이제껏 인류는 우주의 블랙홀을 본 적이 없지만 실제로 존재하고 있는 것처럼 여긴다. 반면 블루홀은 현실세계에 있다. 마음만 먹으면 직접 두 눈으로 볼 수도 있다. 블루홀을 둘러싼 미스터리들을 비과학적이고 신비주의적인 것이라고 치부하는 사람들이 많지만 다시 한번 상기해보자. 블랙홀이나 블루홀과 관련된 모든 생각들은 최소한 지금까지는 글자 그대로 이론이며 가설일 뿐이다. 블랙홀은 과학적이고 블루홀은 비과학적이라는 것 자체가 과학적이지 않다는 말이다.

자연의 신비와 공포를 동시에 가지고 있는 블루홀. 좀처럼 풀리지 않는 은밀한 비밀을 간직하고 있기에 더욱 매력적으로 느껴지는 것은 아닐까.

마의 버뮤다 삼각지대

해양을 배경으로 한 SF영화에 블루홀과 함께 자주 거론되는 것이 버뮤다 삼각지대다. 버뮤다 삼각지대는 미국 마이애미와 북대서양의 버뮤다제도, 그리고 푸에르토리코를 잇는 삼각형의 해역으로 지난 200여 년간 의문의 실종사고가 잇따르며 미스터리의 대표적인 주제가 됐다. 실제로 이곳에서는 소형 선박은 물론 1만 톤급 이상의 대형 화물선과 군함, 심지어 비행기까지 난데없이 사라졌다. 게다가 시신이나 잔해조차 발견되지 않는 사례가 많아 그 원인에 대해 전자파, 조류, 외계인 등 온갖 설들이 난무하고 있는 실정이다.

2010년 오스트레일리아 모내시대학의 조세프 모니건 교수 연구팀은 버뮤다 실종이 메탄가스로 인한 자연현상 때문이라는 논문을 발표하기도 했다. 해저에서 형성된 거대한 메탄 거품이 선박이나 항공기 실종의 주범이라는 것이다. 연구팀에 따르면 버뮤다 삼각지대 인근 해저를 조사한 결과, 엄청난 양의 메탄가스가 고압 환경에서 얼음 형태로 존재한다는 사실이 밝혀졌다. 또한 일대에는 메탄가스가 뿜어져 나왔을지 모를 분화구의 흔적도 발견됐다. 해저의 갈라진 틈 사이에서 메탄 거품이 발생하면 수면에 이르러 어마어마하게 팽창하는데, 이때 거품 안으로 선박이 진입하면 순간적으로 부력을 잃고 침몰하게 된다는 게 연구팀의 설명이다. 연구진은 항공기의 경우 메탄으로 엔진에 불이 붙어 추락할 수 있다고 밝혔다.

한편 미국 해안경비대(USCG)는 버뮤다 삼각지대에서의 사고는 그저 우연일 뿐이라는 조사결과를 발표한 바 있다. 해당 해역의 사고빈도는 전체 교통량 대비 평범한 수준이지만 교통량 자체가 많아 빈발하고 있는 것처럼 여겨질 뿐이라는 것이다. 하지만 이 모든 주장들은 다수의 선박과 항공기가 그 어떤 잔해도 남기지 않고 완벽히 사라져버렸다는 부분에 대해서는 명확히 설명하지 못한다. 결국 버뮤다 삼각지대는 이 부분의 의혹이 풀리기 전까지는 미스터리의 영역에 남아 있을 것이 확실하다.

죽어야만 갈 수 있는 세상
사후세계

의학 기술의 발전으로 인간의 수명은 점점 더 길어지고 있다. 하지만 인간을 포함한 모든 생물은 언젠가는 생명의 불꽃을 놓을 수밖에 없다. 그래서인지 죽음 이후의 삶에 관심을 갖는 사람들이 많다. 그 증거가 바로 종교다. 대부분의 종교는 신에 의지하며 죽음 이후의 행복을 추구하는 것에서 시작한다. 강력한 종교적 믿음은 역시 영원히 살 수 없다면, 그리고 망자들의 세상이 존재한다면 지옥보다는 천국에 가고자 하는 인간의 소망이 반영된 것이라 할 수 있다. 종교의 근간을 이루는 많은 교리들도 바로 이러한 소망에 근거하고 있다. 인간은 정말 망자亡者가 되어서도 영혼의 모습으로 또 다른 세상에서 존재의 기쁨을 누릴 수 있을까?

종교와 사후세계

기독교에서 사후세계는 영생永生이라는 용어로 표현된다. 문자 그대로 영원한 삶이라는 뜻이다. 죽음 이후를 현재 살고 있는 삶의 연장으로 보는 것이다. 영생의 단계에 들어가면 천국에서 영원한 행복을 누리거나 지옥에 떨어져 끝없는 고통을 맛보게 된다. 가톨릭의 경우, 여기에 더해 작은 죄를 짓거나 큰 죄를 짓고도 용서받은 영혼들이 머물며 천국에 들기 전에 자신의 죄를 정화하는 연옥이라는 개념도 제시하고 있다. 기독교의 부활에 대응해 윤회설을 주창하는 불교의 교리에도 천당과 지옥이 등장한다. 기독교에서 말하는 천국은 새로운 복된 세계의 개념으로 복음서에서는 이를 '낙원' 또는 '아브라함의 품'이라고 말한다. 불교에서는 평화롭고 고통이 없는 곳이라고 설명한다. 지옥은 우리가 알고 있는 대로 죗값을 치르는 곳인데, 다만 기독교 교리에 의하면 죄의 여부와 관계없이 유일신인 '하나님'을 믿지 않는 사람들은 지옥으로 가게 된다.

종교적인 방식으로는 사후세계를 이렇게 나눌 수 있지만 과학적 증거는 부족하다. 살아 있는 사람이 사후세계를 경험하는 것은 사실상 불가능한 일이기에 정확한 정황이나 증거를 제시하는 것 자체가 말이 되지 않는다. 그렇기 때문에 그 존재 여부가 더욱 신비로운 것이라 할 수 있다.

대중문화 속 단골소재

이처럼 모호하기 때문에 사후세계는 대중문화 작품의 단골소재가 되기도 한다. 프랑스 소설가 베르나르 베르베르Bernard Werber가 쓴 《타나토노트Les Thanatonautes》가 대표적인데 이 작품은 사후세계를 탐사하는 사람들의 여정이 흥미롭게 진행되는 소설로 유명하다. 소설 속 주인공과 주변 인물들은 물리적으로 죽지 않으면서 사후세계로 가기 위해 과학을 비롯한 여러 방법을 동원하지만 결국에는 신에게 심판을 받는다는 것이 주요 줄거리다.

2009년 개봉한 〈러블리 본즈The Lovely Bones〉도 사후세계를 다루고 있다. 살인을 당한 열네 살 소녀가 분노와 세상에 대한 집착으로 죽음을 수용하지 못하다가 남아 있는 가족을 보며 사후세계에서 자신의 상황을 인정하게 된다는 스토리다. 이 영화는 아름답고 몽환적인 느낌으로 우리가 알고 있는 천국이라는 사후세계를 잘 표현했다고 평가받았다. 영화 〈콘스탄틴Constantine〉은 다른 작품에서는

앨리스 세볼드(Alice Sebold)의 소설을 원작으로, 살인을 당한 열네 살 소녀의 사후 세계를 다루고 있는 피터 잭슨(Peter Jackson) 감독의 〈러블리 본즈〉(2009) 포스터.

잘 다루지 않았던 지옥을 소재로 천사와 악마, 인간의 이야기를 다루고 있다. 특히 주인공이 천당과 지옥의 경계를 넘나들고 인간의 형상을 한 혼혈악마와 혼혈천사들이 등장하는 등 새로운 시각으로 사후세계를 표현했다.

이렇듯 종교와 대중문화 작품에서 말하는 사후세계는 상당히 개념적인 부분이 있다. 실체가 없어서 과학적 증명은 못하지만 충분히 있을 법한 상황을 표현한 것이라는 얘기다. 그런데 이렇게 상상 속에만 존재하는 줄 알았던 사후세계를 직접 경험한 사람들이 있다.

사후세계를 경험한 사람들

2010년 독일 일간지 〈빌트〉에는 베를린에 사는 폴 에이크라는 세 살 소년의 기사가 실렸다. 이 소년은 의학적으로 사망한 지 3시간 만에 기적적으로 깨어났는데 자신이 천국에 갔었다고 주장했다. 기사에 따르면 폴은 연못에 빠졌다가 구조됐지만 의식이 없었고 체온도 28도에 불과했다. 병

원에 이송되었을 때에는 이미 심장이 멈춘 상태였으며 3시간 동안의 심폐소생술에도 의식이 돌아오지 않았다. 그러나 의료진이 사망 선고를 하려는 순간 심장이 다시 뛰었고 깨어난 뒤 천국에 대한 경험을 털어놓은 것이다. 당시 폴은 몸이 땅에서 붕 떠오르며 어떤 문 앞으로 갔는데 그곳에서 에이미라는 할머니를 만났다고 증언했다. 그런데 그 할머니가 "너는 이곳에 오기 아직 이르니 어서 빨리 엄마와 아빠에게 돌아가라."고 말했다고 밝혔다. 이 말은 들은 가족들은 놀랄 수밖에 없었다. 폴이 말한 에이미는 폴의 증조할머니였기 때문이다. 폴은 한 번도 본 적이 없는 증조할머니의 인상착의를 실제와 거의 흡사하게 자세히 설명하기도 했다.

또 다른 사례도 있다. 1982년 미국 네바다 주에 살던 제이콥의 이야기다. 암으로 3년의 시한부 선고를 받은 제이콥은 어느 날 중환자실에서 의식불명에 빠지며 기묘한 경험을 했다. 천장 아래서 자신의 육체를 내려다보는 유체이탈을 한 것이다. 그는 머리 위에서 쏟아진 빛 속으로 빨려 들어가 주변이 텅 비어 있는 공간 위에 도착했다고 밝혔다. 그곳에서 이미 사망한 부모와 친구들을 만났는데 그들이 아직 이곳에 올 때가 아니라며 다가오는 자신을 막았다고 설명했다. 그 순간 제이콥의 발밑에 하얀 터널이 생기며 빠른 속도로 바닥에 떨어졌다고 한다. 이렇게 그는 병원의 응급실에서 눈을 떴다.

이들처럼 죽었다가 다시 살아난 사람들이 공통적으로 언급하는 사후세계는 영화나 드라마에서 표현되는 것만큼 아름답지는 않다. 천국에 어울릴 법한 몽환적 건물이 세워져 있다거나 많은 사람들이 행복하게 사는 모습은 목격되지 않는다. 그저 매우 단순한 공간에서 자신보다 먼저 죽은 가족이나 친구들을 만났다는 정도다.

검증이 불가능한 개인적 경험만으로 사후세계가 실재한다고 믿기는 어렵다. 의학적 관점의 사망 여부를 떠나 이들이 일종의 꿈과 유사한 경험을 한 것에 불과할 수도 있기 때문이다. 그래서인지 지금껏 많은 과학자들이 과학기술을 활용해 사후세계를 증명하려고 시도했다. 그들 가운데 영국 사우샘프턴 종합병원의 피터 펜윅Peter Fenwick 박사와 샘 파니아Sam Parnia 박사도 있었다. 잘 알려지지는 않았지만 이들은 1년 동안 63명의 심장마비 환자를 대상으로 사후세계의 존재규명을 위한 연구를 펼쳤다. 연구결과에 따르면 심장발작으로 의식을 잃었던 실험대상자 중 다수가 "사후세계에 다녀왔다."고 주장했다. 파니아 박사는 사후세계를 경험했다고 주장한 피실험자 모두가 임상적인 '사망선고'를 받고 깨어난 사람들이라고 설명했다.

이들이 밝힌 사후세계 경험의 공통점은 크게 여섯 가지였다. 밝은 빛을 목격했고, 현실과는 전혀 다른 모습의 세상이 펼쳐졌으며, 더없이 평화롭고 즐거운 감정이 몰려왔다. 또한 시간이 매우 빠르게 흘러간 듯한 느낌이 있었고, 시각·청각·후각 등 모든 감각기관이 비현실적으로 예민해졌으며, 자신의 사지四肢와 몸을 제대로 인지할 수 없었다고 밝혔다.

만일 이것이 사실이라면 사후세계는 존재한다고 볼 수 있다. 특히 이번 연구는 이외에도 의학적으로 중요한 논쟁거리를 던져주고 있다. 사후세계 체험자들의 주장은 임상적인 사망 선고를 받은 후, 다시 말해 뇌를 포함한 육체 기능이 완전히 정지된 상태에서도 정신이 정상적(?)으로 활동하며 보거나 들은 것을 기억할 수 있다는 말이 되기 때문이다. 이는 두뇌가 정신과 의식을 관장하는 데 직접적인 역할을 한다는 기존 의

학계의 정설을 뒤엎는 것이며, 뇌는 정신세계의 창조자가 아니라 정신을 담는 그릇에 불과하다는 해석이 가능해진다. 그러나 이 연구에도 맹점은 있다. 모든 연구분석이 오직 피실험자들의 증언에만 의존했다는 사실이다. 결국 이번 연구결과는 실험 참가자 모두가 진실을 얘기했고, 자신이 경험한 내용을 전혀 착각하지 않았다는 두 가지 전제조건이 성립되었을 때만 의미를 가진다. 그런데 환자들이 사망 선고를 받았을 당시 자기공명영상MRI 스캔 등으로 뇌의 활동을 확인한 것이 아니기에 이들의 사후세계 경험이 육체적으로 긴박한 상황에서 뇌가 만들어낸 환영인지 실제인지는 누구도 알 수 없는 상태다.

뇌를 '소小우주'라고 부르며 그 역할과 기능조차 100퍼센트 제대로 알고 있지 못하는 우리가 다양한 영적 미스터리들의 결정체인 사후세계를 증명하고자 하는 것은 애당초 무리일지 모른다. 따라서 사후세계의 실존 여부는 앞으로도 오랜 기간 누구도 명확한 답을 내릴 수 없는 미스터리로 남아 있을 공산이 크다. 먼 미래의 어느 날 소설 《타나토노트》에 등장하는 주인공처럼 첨단 과학기술을 활용해 죽지 않고도 사후세계를 경험한 사람이 나타나기 전까지는 말이다.

나와 똑같은 나
도플갱어

세상 어딘가에 나와 모든 것이 똑같은 사람이 존재한다면? 그리고 어느 날 갑자기 그 혹은 그녀를 만나게 된다면? 동일한 시공간 속에서 내가 아닌 나를 보게 되는 현상을 흔히 '도플갱어Doppelganger'라 한다. 이에 대해서는 갖가지 이야기가 전해지는데 일각에서는 죽음에 얽힌 심령현상이나 심적 충격에 의한 정신질환으로 보기도 한다. 도플갱어의 실체는 무엇일까.

어느 날 독일의 한 청년이 길을 가던 중 맞은편에서 자신과 똑같이 생긴 사람이 걸어오는 것을 목격한다. 옷차림 외에는 모든 것이 똑같은 또 다른 자신의 모습에 놀란 청년은 그대로 자리에 멈춰 섰고, 그 또 다른 자신은 홀연히 사라졌다. 이후 이런 일이 몇 번이고 반복됐다. 이 청년은 다름 아닌 독일의 대문호 괴테였다. 훗날 괴테는 사랑하는 여인과 헤어진 지 얼마 되지 않아 이별의 아픔에 힘들어하던 그때, 그 만남이 큰 위로가 되었다고 썼다. 그런데 만일 우리가 괴테와 동일한 경험을 한다면 그처럼 의연할 수 있을까. 아마도 십중팔구는 호러영화 속 주인공처럼 오싹해진 등골을 겨우 추스르며 삼십육계 줄행랑을 칠 것이다.

두 명의 나

괴테가 경험한 것이 이른바 도플갱어다. 이 단어는 독일의 한 지방 민담에서 유래된 말로 '이중으로 돌아다니는 사람'이란 뜻을 갖고 있다. 구분이 안 갈 만큼 닮은 사람, 다시 말해 '나'와 동일한 '또 다른 나'를 지칭한다. 우리말로는 분신分身 혹은 생령生靈쯤 된다고 할 수 있다.

도플갱어 현상에 대한 구체적인 해석은 국가와 지역마다 조금씩 다르지만 대체로 죽음과 관련되어 있다. 자신의 도플갱어를 경험하면 결국 죽게 된다는 것이 핵심인데, 이런 점 때문인지 도플갱어는 주로 괴담 형태로 전해지는 경우가 많다. 어떤 사람이 자신의 집에서 자신과 똑같은 사람이 의자에 앉아 있는 모습을 본 후 특별한 이유 없이 시름시름 앓다가 세상을 떠났다는 식이다. 도플갱어가 죽음의 전조가 되는 셈이다.

이렇게 해석을 하는 이유 역시 다양하다. 도플갱어는 육체와 영혼이 분리된 것이어서 죽음을 부를 수밖에 없다는 얘기도 있고, 평행우주 이론에 의거해 동일한 개체가 동일한 시공간에서 만나면 우주의 붕괴를 초래하므로 한쪽 개체의 죽음을 통해 이를 막는 것이라는 다소 황망한 분석도 있다. 몇몇 사람들은 단순히 도플갱어에 놀라 심장마비로 즉사했다거나 정신적 충격을 못 이겨 자살한 것으로 이해하기도 한다.

물론 모든 도플갱어가 죽음과 관련 있는 것은 아니다. 앞서 말한 괴테의 예가 그렇다. 특히 괴테는 절친한 친구의 도플갱어를 목격한 일도 있다고 전해진다. 친구가 슬리퍼에 잠옷 차림으로 거리에 서 있는 모습을 보고 무슨 일인지 알아보기 위해 그의 집으로 가보니 그 옷차림 그대로 잠을 자고 있었다는 것이다. 이 일화의 진실 여부는 알 수 없지만 괴테가 여든세 살까지 장수를 누렸다는 점에서 그에게는 도플갱어가 죽음의 전조가 아니었던 것만큼은 확실하다.

한편 도플갱어가 죽음의 위기에 처한 사람에게 위험을 미리 알려주는 신호라는 설도 있다. 실제로 영국에서는 한 여인이 약혼자를 만나기 위해 기차여행을 하던 중 기차에서 내리라며 손짓하는 약혼자의 환영을 보고 목적지가 아닌 곳에서 내렸는데, 그 후에 기차가 탈선하여 생명을 구했다는 얘기가 전해진다. 당시 약혼자는 기차역에서 졸고 있었다고 한다.

나에게만 보이는 환영

도플갱어는 특별한 사람들만 경험하는 게 아니라 일상 속에서 누구나 경험할 수 있다. 방문을 열었는데 내가 책상에 앉아 있다거나 거울 속에 비친 내가 실제와 다른 포즈를 취하고 있는 것도 도플갱어의 하나다. 경험자들에 따르면 도플갱어의 분신은 나보다 앞서 걸어가기도 하고 뒤따라오기도 하며, 마주본 채 나와 동일한 동작을 반복하기도 한다. 모습은 현재와 같은 경우가 대다수지만 어린 시절이나 미래의 모습일 수도 있다. 특이할 만한 부분은 나와 정확히 일치하는 외모의 사람임에도 불구하고 자신 외에는 주변의 누구도 이를 알아채지 못한다는 것이다. 그저 혼자만의 환영처럼 주변을 지나갈 뿐이다.

그렇다면 도플갱어의 실체는 무엇일까. 전문가들은 이를 크게 두 가지로 본다. 하나는 심령술, 독심술, 텔레파시 같은 초자연적 현상으로 보는 것이며, 다른 하나는 정신적 충격이 크거나 충동을 제어하지 못할 때 나타나는 정신질환으로 보는 것이다. 과학적 근거를 중시하는 오늘날에는 주로 후자를 합리적 견해로 받아들인다.

실제로 현대 정신분석학적 관점에서 도플갱어는 실재하지 않는 환영이다. 충격이나 충동에 의해 자기도취적 성향이 강해지면 현실에서 자신과 동일한 대상의 환영을 스스로 만들어낼 수 있다는 것이다. 괴테의 경우도 연인과 헤어져 극심한 정신적 고통을 받았을 것으로 추정된다는 점에서 일종의 정신적 착란 증세로 본다. 괴테가 그때의 경험에 대해 "육체의 눈이 아닌 마음의 눈으로 봤다."는 말을 남긴 것으로 알려져 있어 이러한 해석에 더욱 힘을 실어주고 있다. 도플갱어를 당사자만 인지한다는 사실이나 주로 자신이 바라던 이상형 혹은 자신의 실제 성격과 반대 모습을 지닌다는 특징도 실체가 없는 개인적·정신적 환영이라는 견해를 뒷받침하는 부분이다.

카그라스 증후군

이 같은 일련의 현상을 학계에서는 '카그라스 증후군Capgras Syndrome'으로 설명하기도 한다. 카그라스 증후군은 1920년대 프랑스의 한 정신과 의사에 의해 처음 제시된 개념으로 자신과 밀접한 관련이 있는 사람, 동물, 물건이 진짜가 아닌 진짜와 꼭 닮은 가짜라고 믿는 망상이다. 대상 자체는 인식하지만 그 대상에 대한 감정을 느끼지 못하면서 가짜라고 판단하게 되는 것이다. 정상인들이 가끔 사람이나 물건을 착각하는 것과는 차원이 다른 수준이며, 보통은 정신분열증 등의 질환을 앓고 있는 사람들에게서 발견된다.

카그라스 증후군에 걸리면 제3의 누군가를 자신과 꼭 닮았다거나 또 다른 자신이라고 착각하는 것은 물론 TV 속 등장인물들 모두가 한 사람으로 보이기도 하고 책상 위의 탁상시계가 어느 날 두 개로 자가복제가 되었다고 느낄 수도 있다. 원인을 설명하는 학설은 많지만 다수의 전문가들은 측두엽의 이상을 지목한다. 두뇌에서 가장 큰 부피를 차지하는 대뇌 반구는 전두엽, 측두엽, 두정엽, 후두엽 등으로 구성되는데, 측두엽은 인지 및 기억기능을 조절하는 역할을 한다. 측두엽이 손상되면 환각에 빠지거나 기억 장애가 일어날 수 있다는 얘기다. 특히 손상 부위가 오른쪽 측두엽일 경우에는 자신이 동시에 두 장소에 있는 것 같다거나 과거와 현재의 일이 동시에 존재하는 것 같은 느낌을 가질 수도 있다.

　　이를 감안하면 도플갱어는 개인의 망상에 불과하다. 하지만 그렇게 단정 짓기에는 한 가지 커다란 의문이 남는다. 신기하게도 도플갱어 경험자 중 상당수가 몇 년 후 자신이 목격했던 도플갱어 대상과 똑같은 차림새나 행동, 상황에 처한다는 게 그것이다. 길을 가던 중 저만치 버스를 타고 지나가는 도플갱어를 목격했다면 수년 뒤 자신이 그와 동일한 차림으로, 동일한 버스를 타고, 그 길을 지나고 있음을 불현듯 깨닫게 되는 것이다.

　　말하자면 미래의 자신을 도플갱어로 미리 만나 본 셈인데, 이마저 정신질환이 일으킨 양상으로 보기에는 석연치 않은 구석이 있다. 물론 지극히 이례적인 우연의 일치라거나 재현의 경험마저 망상으로 폄하할 수도 있겠지만 이는 논리적 비약이 너무 심하다. 도플갱어를 초자연적인 시각에서 해석할 여지가 충분한 부분이다.

　　이를 지지하는 사람들은 초끈이론에 근거한 공간이동 현상에 주목한다. 초끈이론은 우주의 최소 단위가 소립자보다 훨씬 작고 가는 끈으로 이뤄져 있으며, 지속적인 끈의 진동에 의해 우주 만물이 생성되었다고 설명한다. 이 이론은 우주를 생성과 소멸의 과정으로 인식하는 빅뱅이론과 달리 영원히 성장과 수축을 반복하는 존재로 본다. 또한 인류가 살고 있는 우주 외에 수많은 다른 우주가 각각의 물리법칙을 가진 채 존재한다고 가정한다.

내 안의 모순된 이중성

결국 초끈이론에 의하면 도플갱어는 다른 시공간에 살고 있는 내가, 실제로 내가 살고 있는 시공간으로 잠시 건너온 것으로 분석할 수 있다. 이런 초자연적 현상은 현 시점에서 명확한 과학적 설명이 불가능하지만 무조건 미신으로 단정 짓기도 어렵다. 일식이나 월식, 신기루, 도깨비불 등이 그랬던 것처럼 향후 과학이 발달하면 충분히 설명 가능할 수도 있으니 말이다.

도플갱어의 실체를 무엇으로 보든 간에 한 가지 변함없는 사실이 있다. 도플갱어 자체가 무척 매력적인 이야깃거리라는 점이다. 또 다른 내가 세상 어딘가에 살고 있다는 발상은 갖가지 상상력을 자극하기에 충분하다. 때문에 오래전부터 도플갱어는 영화, 드라마, 소설, 만화, 게임 등 각종 대중 예술작품의 중요한 소재로 채택되어 왔다.

도플갱어 현상을 말할 때 반드시 거론되는 작품은 《지킬 박사와 하이드》다. 주지하다시피 지킬 박사와 하이드는 각각 선과 악의 두 얼굴을 가진 존재이며 인간의 잠재의식에 내재된 모순된 이중성을 은유적으로 상징한다. 이

*✿ 초끈이론 Superstring theory

우주를 구성하는 최소 단위를 양성자, 중성자, 전자 같은 소립자나 쿼크 등 구(球)의 형태가 아니라 이보다 훨씬 작으면서도 끊임없이 진동하는 아주 가느다란 끈으로 보는 이론이다. 1970년대 초에 등장하여 1980년대 미국 캘리포니아 공과대학 이론물리학자 존 슈바르츠(John Schwarz)와 영국 퀸 메리 대학의 마이클 그린(Michael Green) 등이 발전시킨 이론이다. 초끈이론에서는 현재 우리가 존재하는 4차원(상하, 전후, 좌우, 시간)이 아니라 10차원 혹은 11차원에서 만물의 법칙이 설명된다. 우주는 11차원으로 이뤄져 있는데 인간은 4차원만 인식할 수 있고 나머지 7차원은 공간에 아주 작게 접혀 있어 관측하기 어렵다는 것이다.

와 유사한 내용으로 몇 년 전 나온 일본 영화 〈도플갱어〉도 있다. 성공을 꿈꾸는 소심한 과학자가 어느 날 나타난 자신의 악마적 분신에 이끌려 의식적 혼란을 겪으며 차츰 파탄을 맞는다는 스토리다. 최근 센세이션을 불러일으킨 영화 〈블랙스완〉도 마찬가지다. 연약하고 순수한 발레리나가 백조와 흑조를 동시에 연기해야 하는 상황에 놓이면서 내면 깊숙이 감춰진 백조의 어둡고 탐욕스런 면이 표출된다는 이야기 구조를 지닌다. 이들 작품 속 도플갱어는 대체로 내적 세계, 특히 내면에 숨겨진 악마적 근성으로 묘사된다. 심리적 충격 속에서 탄생한 또 다른 나, 분열된 자아를 의미하는 것이다. 이밖에도 도플갱어 모티프를 차용한 작품은 셀 수 없이 많은데 각 작품마다 도플갱어에 대한 다양한 해석을 낳고 있다.

대중친화적 아이콘

한편 오늘날 도플갱어는 한층 대중친화적으로 진화했다. 죽음의 전조나 분열된 자아 같은 무거운 이미지를 상당 부분 벗어던진 모습이다. 일례로 네티즌들은 외모가 비슷한 연예인 등 닮은꼴 유명인을 가리켜 흔히 도플갱어라 칭하며 친근감을 드러낸다. 현빈 도플갱어, 아이유 도플갱어 등이 포털사이트 인기검색어로 랭크되기도 한다. 도플갱어와 관련한 재미있는 루머도 많다. 히틀러는 아직 살아 있으며 제2차 세계대전 당시 죽은 히틀러는 그의 도플갱어였다는 식의 소문이 인터넷 여기저기를 떠돈다. 이런 가운데 몇 년 전 조지 부시 전 미국 대통령은 백악관 파티에서 자신의 도플갱어라 불리는 닮은꼴 코미디언 스티브 브리지스와 함께 연단에 올라 연설을 하며 재치 있는 상황을 연출하기도 했고, 독일의 한 매체는 도플갱어 체험담을 공개 모집해 독자들에게 신선한 재미를 선사하기도 했다.

일본에서는 아예 도플갱어를 찾아준다는 사이트omaru.cside.tv/pc/ dopperu.html가 개설되어 네티즌들 사이에서 화제를 모으고 있다. 사이트 접속 후 이름, 생년월일, 성별, 혈액형, 좋아하는 색깔, 좋아하는 덮밥 등을 선택하면 이런 식의 결과가 나온다.

"A씨의 도플갱어는 하와이에서 만담을 하고 있습니다. 당신의 도플갱어는 한때 비즈니스호텔에서 아르바이트를 했지만 야뇨증에 걸렸던 것이 계기가 되어 인생관이 바뀌었고 6개월 전 개명을 한 후 만담을 직업으로 택했습니다. 현재 그의 고민은 자신의 전화번호가 인근 식당 전화번호와 비슷해 종종 잘못된 전화가 걸려오는 것입니다. 그는 지금의 당신보다 약 11퍼센트 정도 행복하게 살고 있습니다."

물론 이 같은 결과를 진지하게 믿는 이는 없을 것이다. 재미로 즐기면 족하다. 언젠가 과학이 발달하면 도플갱어의 실체는 지금보다 명확해질 수도 있다. 그렇게 되기까지 도플갱어는 우리의 호기심을 불러일으키는 특별한 아이콘으로 남아 있을 것이다.

축지법과 공간이동 실제로 가능할까

축지법은 예로부터 무협소설의 단골메뉴다. 보통의 걸음을 걷는데도 훨씬 빠르거나 눈 깜짝할 사이에 이동하는 이 가공의 보법步法은 그만큼 오랫동안 사람들의 호기심을 자극해 왔다. 과연 축지법이 현실에서 실현 가능한 것일까. 아니면 단지 작가의 상상력이 빚어낸 공상과학적 산물에 불과할까.

예로부터 도인이 신선의 경지에 이를 수 있는지는 축지법을 완성해 선풍도골仙風道骨을 갖췄는지의 여부에 따라 결정된다는 말이 있다. 분신술, 둔갑술, 봉인술, 염력, 장풍 등 다양한 도술 중에서도 축지법이야말로 가장 기본이자 정수精髓에 해당한다는 얘기다. 축지법을 글자 그대로 해석하면 '땅을 접는 법'이다. 종이를 접듯 땅을 접어서 물리적 길이를 축소함으로써 한 발만 내딛어도 수십 보, 혹은 수백 보를 걷게 되는 것이다. 즉 축지법은 공간구조를 순간적으로 허물어뜨리는 힘이라 할 수 있다. 간혹 산악지형에서 장기간 수련을 한 사람들이 행할 수 있다고 전해지지만 뛰는 것도 아니고 걷는 것도 아니며, 그렇다고 하늘을 나는 것도 아닌 이 기묘한 도술을 정말 수련을 통해 습득할 수 있는지에 대한 세인들의 의문은 아직도 풀리지 않고 있다.

천리 길을 한 시간 만에

오랜 수련을 거쳐 축지법을 익힌 전설 속 도인들은 땅속에서 순환하는 기氣의 길을 줄이는 방식으로 땅의 면적을 축소시켜 범인들보다 빨리 이동할 수 있었다고 한다. 《육갑천서六甲天書》, 《기문둔갑장신법奇門遁甲藏身法》, 《저금집底襟集》 등 신비의 술법들이 적힌 여러 문헌들에는 축지법을 통해 천리 길을 한 시간 내에 주파할 수도 있다고 나와 있다. 이는 평균 시속이 약 400킬로미터에 달하는 엄청난 속도다. 책에서는 사람이 이토록 빠르게 움직일 수 있는 원리에 대해 한쪽 발을 공중에 띄운 후 그 발이 땅에 닿기 전에 다른 발을 공중에 띄워 힘껏 차올리는 것이라고 설명한다.

구체적인 수련법을 살펴보면 눈은 먼 산을 바라보고, 입은 '어' 소리가 날 정도로 벌리며, 숨을 크게 들이쉬고 멈춘 채 오른쪽다리를 왼쪽 무릎에 8부쯤 들어올리라고 되어 있다. 그리고 이 상태에서 상체를 반쯤 숙인 후 학이 날아오를 때의 날갯짓 자세로 두 번은 갈지之 자로, 세 번은 바람을 차듯, 다시 두 번은 뒤로 반동을 주며 움직이면 된다. 호흡을 가다듬고 이런 움직임을 반복하다 보면 공중에서 걸을 수 있으며, 더 나아가 눈 깜빡할 사이에 엄청난 거리를 이동하는 축지법을 시전할 수 있다는 설명이다. 축지법은 또 보법과 호흡에 따른 수련 단계도 정해져 있다. 일반적으로 제1단계는 소걸음에 해당하는 우보법, 제2단계는 산신이 타고 다니는 호랑이 걸음인 호보법, 제3단계는 용의 걸음인 용보법, 제4

단계는 구름을 타고 다니는 운보법, 그리고 마지막은 인간계에서 선계로 등극할 수 있는 칠성보법이다. 이를 단계별로 수련해 칠성보법을 깨닫게 되면 마침내 신선의 경지에 오를 수 있다.

신선술에 관한 최고의 경전으로 꼽히는 《육갑천서》의 경우 축지법의 수련 단계를 12단계로 본다. 마지막 단계 때 특정 주문을 일곱 차례 반복해서 외워야 하는데 '일보백보 기지자축 봉산산평 봉수수확 봉수수절 봉화화멸 봉지지축 오봉 삼산구후 선생 율령칙'이 그것이다. 하지만 이 모든 것은 어디까지나 도인(?)들의 수련 방법이다. 일반인들은 먼저 도인에 이른 후 축지법 수련에 나서야 한다. 일반인이 도인을 거쳐 축지법을 구사하는 신선에 오를 때까지 얼마만큼의 시간과 인내심을 가져야 하는지에 대해서는 어떤 문헌에도 기록된 바가 없다.

축지법과 공간이동

축지법은 여러 대중문화 작품 속에서 쉽게 만나볼 수 있다. 무협장르라면 영화나 만화, 소설을 막론하고 축지법이 핵심 소재로 등장한다. 가장 친숙한 작품으로는 《홍길동전》과 《임꺽정》을 들 수 있다. 《홍길동전》에는 축지법을 비롯해 둔갑법, 분신법 등 도술을 자유자재로 구사하며 탐관오리를 소탕하는 민중영웅 홍길동이, 《임꺽정》에는 하루에 백리에서 천리를 이동하는 축지법의 도사 천왕둥이가 나온다. 중국의 《삼국지》에도 제갈공명이 기문둔갑술을 발휘하여 적을 섬멸하는 장면이 자주 그려져 있다. 기문둔갑술은 음양의 변화에 따라 몸을 숨기고 길흉을 점치는 용병술로서 이것의 핵심 요소가 바로 축지법이다. 《삼국지》에서 제갈공명의 축지법은 숙적인 사마의의 입을 빌려 이와 같이 형상화된다. "이상 야릇한 일이 다 있구나. 우리가 부리나케 30리를 뒤쫓아 와 바로 눈앞에 있는데도 따라잡을 수 없다니. 도대체 어찌 된 일인가?”

오늘날의 영상 작품들은 컴퓨터 그래픽을 활용해 축지법을 한층 현란하게 묘사하기도 한다. 그리고 TV에서는 스스로 축지법을 구사할 수 있다고 하는 속세의 도인들이 심심찮게 출연하고 있다. 물론 그들 중 누구도 대중 앞에서 축지법을 시전하지는 못했다. 인터넷을 통해 네티즌 사이에 유명세를 떨친 한 축지법 도인은 “범인들이 함부로 높은 경지의 도술을 알게 되면 세상이 위험해진다.”는 이유로 시전을 거부했다. 과연 그가 실제로 축지법을 구사할 수 있는지, 아니면 혹세무민을 지속하기 위한 변명에 불과한지는 알 수 없다.

서양에서는 어떨까. 서양의 경우는 축지법이 오랫동안 ‘공간이동’ 이나 ‘장소이동’ 개념으로 이해되어 왔다. 축지법은 기본적으로 도인들의 효율적인 이동 보법이지만 순식간에 먼 거리를 갈 수 있다는 점에서 서양의 공간이동과 일맥상통한다고 볼 수 있다. 어쨌든 서양에서도 이러한 공간이동을 요정이나 마법사의 초능력으로 바라봤으며 오랜 세월 사람들의 관심과 흥미의 대상이었다. 공간이동을 주요 소재로 한 영화나 드라마들이 속속 제작되어 인기를 끌었던 것 역시 마찬가지다. 일례로 2008년 제작된 영화 〈점퍼〉에는 뉴욕, 도쿄, 로마, 이집트의 스핑크스 등 원하는 곳이라면 어디든 순간이동할 수 있는 초능력자들이 주인공으로 등장한다. 이들은 이러한 능력으로 은행금고에 잠입하여 거금을 손쉽게 훔치기도 했다. 동서양을 막론하고 축지법과 공간이동 능력은 모든 사람들이 꿈꾸는 하나의 ‘로망’ 이라 해도 과언이 아닌 셈이다.

빛의 공간이동 실현

그렇다면 축지법은 정말로 가능한 것일까. 축지법에 대한 과학적 연구는 미진했던 반면 그와 유사한 개념인 공간이동은 일찍이 다양한 방식으로 검증이 시도된 바 있다. 결국 축지법의 현실 가능성을 알아보기 위해서는 먼저 공간이동의 개념을 빌려올 수밖에 없다.

1993년 미국 IBM의 과학자 찰스 베네트Charles H. Bennett는 4개국 학자들과 공동연구를 수행한 결과, 원자 규모의 공간이동이 물리적으로 가능함을 입증해 냈다. 여기에는 양자이론이 적용되었는데, 양자이론이란 아주 작은 크기로 쪼개진 입자에 대한 것으로 빛, 소리, 전자기장 등을 파동이 아닌 하나의 입자로 보는 이론이다. 이 이론에 의하면 모든 입자들은 양자적으로 얽혀 있고, 그렇게 얽혀 있는 두 입자는 한쪽 입자의 특성이 바뀌면 다른 입자도 같은 특성을 띠게 된다. 이것이 바로 양자이론의 기본개념인 '얽힘 현상entanglement' 이다. 얽혀 있는 두 입자는 그중 어느 것을 측정하든 같은 특성을 띠게 되므로 이 같은 성질을 활용하면 입자의 특성을 측정하지 않고도 공간이동이 가능하다는 것이다.

가령 A라는 장소에서 B라는 장소로 전자를 보낸다고 해보자. 이때 먼저 a와 b라는 두 개의 전자를 서로 작용시킨다. 그리고 b를 B로 보낸다. 이후 A에서는 공간이동을 원하는 제3의 전자 c를 남은 전자 a와 서로 작용시킨다. 그리고 이 두 개의 전자에 관한 정보를 B로 보내는 것이다. B에서 이에 관한 정보를 받게 되면 제4의 전자 d를 앞서 받은 전자 b와 상호작용시켜 두 개의 전자 상태가 A에서 보내온 정보와 완전히 같아지도록 한다. 그렇게 하면 제3, 제4의 전자 c와 d는 완전한 복제가 된다. 결국 c는 A에서 B로 공간이동을 한 결과를 얻을 수 있다.

다소 복잡하기는 해도 이 같은 베네트의 논리는 1997년 오스트리아 인스브루크대학의 안톤 자일링거Anton Zeilinger 교수 등에 의해 수차례 실험으로 입증되어 유명 과학전문지에 논문으로 게재되었다. 당시 자일

링거 교수는 한 지점에 있던 빛을 제거한 후 1킬로미터 떨어진 곳에서 이와 똑같은 빛을 완전하게 재생하는 실험에 성공했다. 빛의 기본단위인 광자가 지닌 주요 물리적 특성 정보를 다른 광자들에게 고스란히 복사해 냄으로써 빛의 공간이동을 실현한 것이다. 이 같은 결과는 적어도 공간이동 자체가 터무니없는 상상의 산물만은 아니라는 것을 말해주었다.

사람의 공간이동은 불가능한가

대상이 사람이라면 어떨까. 이 양자이론 기술로 축지법을 쓰듯 '동에 번쩍, 서에 번쩍' 할 수도 있을까. 사람을 비롯한 살아 있는 생명체의 공간이동에 대해서는 그간 많은 과학자들이 적잖은 문제가 있음을 제기해 왔다. 그 가운데 가장 중요한 것은 공간이동의 핵심 개념이라 할 수 있는 정보 추출과 그 정보들의 재조합 부분이다. 사람의 공간이동이 가능하려면 그 사람을 구성하고 있는 모든 원자들의 정보를 정확히 파악하고, 그것을 완벽히 재조합해야 하는데 우리는 이러한 능력을 갖고 있지 못하기 때문이다. DNA 하나가 사람을 성자로도, 연쇄살인범으로도 만들 수 있음을 감안하면 자칫 단 한 개의 원자라도 일치하지 않았을 때 어떤 결과가 초래될지는 누구도 알 수 없다. 게다가 불행히도 현재까지의 이론에 의하면, 아무리 정확한 기술이 개발되더라도 임의의 측정 대상에 대한 물리량을 한 치의 오차 없이 정확하게 측정

양자역학의 얽힘 현상을 이용하면 공간이동이 가능하다는 찰스 베네트의 아이디어를 실험을 통해 증명한 오스트리아 인스브루크대학의 안톤 자일링거 교수.

하는 것은 불가능하다.

또한 사람은 일반적인 물건과는 다르다. 육체에 더해 지식, 감정, 경험, 가치관 등 물질로는 설명할 수 없는 정신적 요소가 복잡다단하게 융합된 존재다. 때문에 물질로 구성된 육체는 물론 정신세계까지 이동되어야 한다. 그렇지 않으면 겉모습은 똑같지만 그는 전혀 다른 사람이다. 하지만 현존하는 기술로는 정신을 손에 잡히는 물리적 요소로 변환할 수 없다.

그렇다고 너무 실망할 필요는 없다. 이 모든 것은 어디까지나 최소한의 논리일 뿐이다. 앞서 설명한 이론과는 다르지만 현실에서는 실제로 공간이동을 경험했다는 사람들이 있다. 일례로 1968년 아르헨티나의 한 부부가 공간이동을 경험했다고 밝혔다. 변호사인 비달 박사와 그의 아내는 친구 부부의 차량 앞에서 자동차를 운전하며 고속도로를 달리고 있었는데 시내를 통과하는 순간 갑자기 그들의 차량이 사라졌다. 뒤따르던 부부의 신고로 경찰이 대대적인 수색에 나섰지만 어디에서도 비달 부부의 모습은 나타나지 않았다. 얼마 후 이들이 발견된 곳은 엉뚱하게도 멕시코시티였다. 멕시코시티는 부부가 사라졌던 도시와 7000킬로미터나 떨어진 곳으로 열차나 배로 이동했을 때 족히 이틀 이상이 걸리는 거리였다. 언론에도 대서특필된 바 있는 이 사건은 당국의 철저한 조사에도 불구하고 지금껏 미스터리로 남아 있다.

언젠가는 실현 가능할 꿈

한편 미국을 비롯한 여러 국가들은 군사적 목적으로 공간이동 기술 확보를 위해 비밀리에 다양한 실험을 전개하고 있는 것으로 알려져 있다. 이 가운데 제2차 세계대전이 한창이던 1943년 미국 필라델피아의 한 해군기지에서 진행된 실험이 음모론자들 사이에서 가장 유명하다. '필라델피아 실험' 혹은 '레인보우 프로젝트'라 불리는 이 극비프로젝트는 미 해군이 독일군의 레이더에 포착되지 않는 '투명한 배'를 만들려는 목적으로 시작했다.

기술 원리는 비교적 간단하다. 선박 주변에 강력한 자기장을 형성하고, 일반 광선이나 레이더 등의 전파를 굴절시켜 레이더상에서 아무것도 없는 것처럼 보이게 하는 것이다. 여기에는 아인슈타인, 테슬라, 폰 노이만, 허친슨, 커텐아워 등 당대 최고의 과학자들이 총 동원되었다고 전해지는데, 완벽하지는 않지만 선박이 푸른 안개처럼 위장되어 레이더에 잡히지 않도록 하는 목표를 달성했다.

그런데 어느 날 실험에 나섰던 선박이 갑자기 시야에서 사라졌다. 선박은 필라델피아에서 600킬로미터 떨어진 버지니아 주 노퍽에서 발견됐다. 애초의 의도와 달리 결과적으로 공간이동이 실행되어버린 것이다. 음모론자들의 주장이기는 하지만 공간이동의 결과는 끔찍했다. 대원들 대다수가 사망하거나 실종되었으며 소수의 생존자도 극심한 정신적 충격으로 고통스런 삶을 살았다고 한다. 미 해군이 즉각 모든 실험을 중단하고 실험 자체를 은폐한 이유가 여기에 있다는 것이다. 이 스토리는 〈필라델피아 특명〉이라는 영화로 만들어지기도 했다.

이처럼 축지법 혹은 공간이동에 대한 과학적 해법은 아직 발견되지 않았다. 하지만 일부 과학자들은 언젠가 반드시 가능해질 기술이라고 조심스럽게 예측한다. 앞선 사례에서 벌어진 공간이동 현상의 원인이 명확히 규명되지 않고 있는 것은 그것이 불가능하기 때문이 아니라 그 현상을 설명하는 데 필요한 지식을 갖고 있지 못하기 때문이라는 주장이다. 결론적으로 과학기술이 발전을 거듭하면 축지법과 공간이동도 가능해질 날이 올 수 있다. 영원히 불가능할 것 같은 정신세계의 이동도 영화 〈6번째 날〉에서처럼 기계적으로 복사하여 저장함으로써 가능해질 수 있다. 물론 그때가 오기까지 축지법은 사람들의 로망과 현실을 오고가는 미스터리로 남아 있을 테지만 말이다.

인간의 상상이 현실이 된
나노무기

타고난 재능과 강인한 결단력을 지닌 특수부대 대위 듀크는 가공할 파괴력을 지닌 최첨단 무기를 운반하던 중 정체불명의 테러리스트들로부터 공격을 받아 팀원들을 모두 잃는다. 최첨단 무기를 노리고 공격해 온 이들은 인류를 위협하는 테러리스트 군단 코브라였다. 전 세계를 파괴하려는 코브라의 계획에 앞장서는 치명적인 매력의 배로니스, 그리고 선과 악의 구분 없이 주어진 임무만 수행하는 비밀병기 스톰 새도우에 맞서기 위해 세계 최정예 멤버들이 모인 특수군단 지.아이. 조G.I. Joe가 투입되고, 듀크 대위 역시 이에 합류한다. 2009년 개봉된 영화 〈지.아이. 조-전쟁의 서막〉에서는 나노기술의 힘이 막강하게 묘사되고 있다. 코브라 군단의 군수기업 MARS는 나노기술로 사람의 얼굴을 바꾸고, 독사에게 물린 상처를 치료하며, 심지어는 나노마이트nanomite라는 나노무기를 사용해 도시를 파괴한다. 나노마이트는 원래 암 치료용으로 개발된 나노입자 크기의 로봇이지만 무기로 개조된다. 미사일 탄두에 장착된 초록색 액체처럼 보이는 이 무기가 활성화되면 쇳조각을 비롯해 무엇이든 무서운 속도로 먹어치운다.

영화 〈지구가 멈추는 날 *The Day the Earth Stood Still*〉(2008)에서는 나노로봇이 지구를 멸망시키기 직전까지 몰고 가는 내용이 나온다. 여기서 나노로봇은 눈에 보이는 모든 물체를 분해하여 자기복제에 필요한 물질을 충당한다. 물론 이 같은 나노무기와 나노로봇의 기반은 나노기술이다. 나노기술은 얼마만한 잠재력을 가지고 있으며, 현재 나노무기 개발은 어느 수준에 와 있는 것일까.

나노기술의 잠재력

나노는 '난쟁이'를 의미하는 그리스어 나노스에서 유래한 말로, 1나노미터는 10억 분의 1미터이다. 1나노미터는 대략 원자 3~4개가 배열된 극히 미세한 크기, 즉 머리카락 굵기의 10만 분의 1에 해당하기 때문에 전자현미경으로나 볼 수 있다. 일반적으로 크기가 1~100나노미터 범위인 재료나 대상에 대한 기술을 나노기술로 분류한다. DNA, RNA, 단백질 등도 나노기술의 범주에 드는데, 참고로 DNA의 이중나선은 폭이 2나노미터에 불과하다.

이 같은 나노 단위의 물체는 마이크로미터 (1마이크로미터=100만 분의

스티븐 소머즈(Stephen Sommers) 감독의 〈지.아이. 조: 전쟁의 서막〉에서는 나노기술로 사람의 얼굴을 바꾸고, 독사에게 물린 상처를 치료하며, 심지어는 '나노마이트'라는 나노무기를 사용해 도시를 파괴하는 등 나노기술을 다양하게 보여주고 있다.

1미터)급 이상의 물체인 벌크 소재에 없는 여러 가지 특징을 가진다. 탄소의 경우를 보자. 우리가 흔히 접하는 탄소 제품인 다이아몬드나 흑연의 입자는 아보가드로 상수(6.02×10^{23}) 개수의 탄소 원자가 모여 결합된 것이다. 하지만 나노입자는 크기가 몇 나노미터에서 수백 나노미터에 불과할 정도로 작기 때문에 입자를 이루는 원자의 개수가 적다. 많아야 수십 개에 불과하다. 이렇게 원자의 수와 결합방식이 달라지면 물체의 성질도 벌크 소재와 다르게 된다. 게다가 벌크 소재는 입자 크기를 달리해도 성질이 변하지 않지만 나노 소재는 입자 크기와 결합방식을 달리함에 따라 얼마든지 원하는 성질을 낼 수 있다. 나노 소재는 같은 부피의 벌크 소재에 비해 입자의 크기가 훨씬 작기 때문에 표면적이 기하급수적으로 증대된다. 이렇게 표면적이 늘어나면 화학적 반응성도 늘게 되며, 이는 소재가 가진 촉매효과를 크게 증가시킨다.

구체적인 사례가 은銀 나노다. 은 나노는 살균효과가 있는 은의 입자를 나노 스케일로 만들어 투입량 대비 살균력을 크게 증대시킨 것이다. 자동차 배기가스 정화장치의 촉매구성 성분을 나노 스케일로 만들어 정화 능력을 향상시킨 것도 나노의 특성을 활용한 것이다.

이 때문에 영화 〈지.아이. 조-전쟁의 서막〉에 나오는 것처럼 나노 약품을 사용해 독사의 독을 해독하는 것도 이론상으로는 충분히 가능하다. 물론 그런 약품을 만들려면 아직은 넘어야 할 장벽이 한두 가지가 아니다.

이 같은 나노 스케일은 소재공학뿐만 아니라 기계공학, 전자공학에도 파급되고 있다. 아직 실용화는 되지 않았지만 앞으로 기술이 발전하기에 따라서는 원자 단위의 작업을 할 수 있는 나노로봇 또는 나노기술을 응용해 효율과 성능을 극대화한 대규모 집적회로 등도 등장할 것이다.

나노기술은 바로 이 같은 나노 스케일 소재 또는 기계를 제작하는 기술이다. "머리핀 위에 브리태니커 백과사전을 모두 적을 수도 있다."라는 말이 상징하듯 지극히 작은 크기가 주는 엄청난 가능성과 잠재력 때문에 미국이나 일본에서는 나노기술에 많은 투자를 아끼지 않고 있다.

나노기술의 악몽

나노무기인 나노마이트가 에펠탑을 무너뜨리는 것은 영화 〈지.아이. 조- 전쟁의 서막〉에서 무엇보다 나노기술의 위력을 깊이 각인시킨 장면일 것이다. 영화 〈지구가 멈추는 날〉에서도 나노로봇 고트가 인류 문명을 무너뜨린다. 하지만 나노무기나 나노로봇이 지구를 멸망시킨다는 발상을 한 게 영화 제작자들이 처음은 아니다. 그 같은 발상은 수학자 존 폰 노이만John von Neumann이 제시한 자기복제가 가능한 기계 개념, 이른바 폰 노이만 머신에까지 소급해 갈 수 있다.

나노기술의 선구자인 에릭 드렉슬러Eric Drexler는 1986년 《창조의 엔진 Engines of Creation》에서 이 같은 폰 노이만 머신으로 인한 재앙을 '그레이 구(Grey Goo, 잿빛 덩어리)'라는 표현으로 경고했다. '그레이 구'란 분자 단위의 나노로봇이 돌연변이를 일으켜 자기복제, 즉 자신과 똑같은 개체를 생산해내면서 초래하는 지구 종말 시나리오를 말한다. 나노로봇이 자기복제에 필요한 자원을 얻기 위해 지구상에 있는 모든 물체를 분해하면서 결국 며칠 만에 지구상에는 잿빛 덩어리 같은 무수한 나노로봇만 남게 된다는 것이다. 이 가설은 센세이셔널한 내용 때문에 여러 대중문화 작품의 소재로 사용됐다. 2002년 소설가 마이클 크라이튼Michael Crichton이 펴낸 소설 《먹이 Prey》의 주요 소재 역시 '그레이 구' 였다.

드렉슬러의 암울한 전망은 2000년 4월 발표되어 세간의 화제가 되었던 빌 조이Bill Joy의 글 〈왜 우리는 미래에 필요 없는 존재가 될 것인가Why the Future Doesn't Need Us〉에서 보다 강력한 형태로 반복된다.

썬 마이크로시스템즈의 공동 설립자이자 수석과학자였던 조이는 일명 'GNR 기술(유전공학, 나노기술, 로봇공학)'의 발전이 가져올 수 있는 파국적 결과에 대해 경고하면서 드렉슬러의 주장을 되풀이했다. 또한 나노기술이 군사적으로나 테러 행위를 위해 이용될 가능성에 대해서도 우려를 표명했다. 하지만 이 같은 시나리오가 가능한지에 대해서는 이론의 여지가 많다. 실제로 무엇보다 아직 실용화된 나노로봇조차 없다는 점을 감안한다면 가까운 미래에 나노마이트 같은 무기가 등장해 인류를 위협할 것이라고는 보기 힘들다. 특히 노벨 물리학상 수상자인 리처드 스몰리Richard Smalley는 드렉슬러의 자기복제 로봇은 과학과 환상의 세계에 양다리를 걸친 허무맹랑한 농담이라고 일소에 부쳤다. 제 아무리 나노로봇이라도 생명체만이 가능한 자기복제를 할 수는 없다는 것이다.

현실로 다가온 나노무기

나노마이트 같은 첨단 나노무기는 아직 나올 가능성이 없지만 나노기술의 군사적 이용을 위한 연구는 이미 시작된 상태다. 2002년 미국 MIT에 설립된 나노기술연구소ISN가 대표적인데, 이곳은 2025년까지 실용화를 목표로 나노기술의 군사적 이용 방향을 연구하고 있다.

일반적으로 현대 보병이 갖추어야 하는 장비의 무게는 심한 경우 60킬로그램이 넘는 경우도 있다. 하지만 이렇게 많은 장비에도 불구

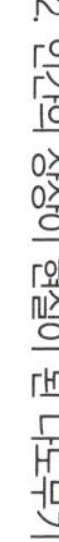

나노공학의 창시자 에릭 드렉슬러. 리처드 파인만이 나노입자에 대해 언급한 것을 1986년 《창조의 엔진》에서 분자를 조정하여 물질의 구조를 제어하는 분자기술을 제시함으로써 파인만의 이론을 뒷받침했다

하고 파편이나 총탄, 생화학무기에 대한 방어력은 불완전하다. 또한 병사가 휴대한 여러 장비들이 통합적으로 운용되지 못해 전투 효율도 낮다. 하지만 나노기술을 이용해 장비의 크기와 중량은 줄이면서도 물리적 특성과 성능을 개선한다면 이 같은 문제도 극복해 나갈 수 있다. 이를 위해 나노기술연구소는 다섯 개의 전략적 연구영역을 정해놓고 연구를 실시하고 있다. 첫번째는 병사의 기본 전투복에 쓰일 경량 다기능 섬유 및 소재 개발이며, 두번째는 신속 정확한 응급처치가 가능한 의약품과 의료기기 개발 및 이를 전투복에 통합해 의무병이나 군의관 없이도 전선에서 부상당한 병사를 치료할 수 있게 하는 것이다. 세번째는 나노기술을 이용해 총탄과 파편을 막아줄 방탄복과 헬멧을 개발하는 것이며, 네번째는 화생방 병기를 탐지하고 방호하는 나노기술 개발이다. 마지막 다섯째는 이 모든 시스템을 하나로 묶는 시스템 통합작업이다.

이 같은 나노기술로 무장한 미래 병사의 모습은 과연 어떨까. 병사가 입은 전투복은 지형에 따라 색상이 변하기 때문에 지금처럼 사막용 전투복, 정글용 전투복을 따로 지급할 필요가 없다. 또한 기후에 따라 병사의 체온을 완벽히 관리해 주기 때문에 여름에는 에어컨, 겨울에는 난로가 무용지물이 될 것이다. 전투에서 부상을 당해도 전투복에 통합되어 있는 응급 키트가 자동적으로 필요한 처방을 해주며, 상처에 따라서는 전투복 일부가 굳어져 부목 노릇도 해준다. 특히 현재와는 비교도 안 될 만큼 작고 성능이 뛰어난 무전기와 야간투시경 등 각종 통신 및 탐지장비가 전투복에 통합될 것이다.

또 있다. 충격 방지 나노섬유로 만든 방탄복과 헬멧, 그리고 화생방 공격 때 공기 출입을 막고 전투원의 신체를 방호하는 나노혼합물 등을 통해 적의 무기에 대한 방호능력이 지금과는 비교가 안 되게 우수해질 것이다. 전투복은 찢어져도 자동 수선된다. 또한 기존의 대형 무기나 장비들을 개인이 휴대할 수 있을 만큼 축소하여 병사의 공격력이 기존에 비해 한층 높아질 것이다.

한걸음 더 나가 모든 병사의 소총에서 납탄 대신 전자기 펄스가 발사될 수도 있다. 그리고 반영구적으로 사용이 가능한 나노전지, 나노 정수기 등을 통해 군수지원 분야에도 혁명이 일어날 것이다. 이는 결코 만화나 영화에서만의 일이 아니라 미국을 비롯한 세계 여러 기술강국, 심지어는 우리나라에서도 논의되고 있는 것들이다. 현재 연구 중인 장비에 비하면 지금 군에서 사용하고 있는 나일론 배낭과 탄띠, 전투복, 그리고 고어텍스 방한복 같은 것은 선사시대의 유물로 여겨질 정도다.

어쩌면 영화 〈지.아이. 조-전쟁의 서막〉에서 군사용 나노기술의 미래를 제대로 보여준 것은 무시무시한 나노마이트가 아닐 수도 있다. 지.아이. 조 대원들이 입고 나온 투명 위장복, 완전 방탄이 되는 것은 물론 착용한 사람을 자동차에 맞먹는 속도로 달리게 해주는 배틀 슈트가 바로 그것일지도 모른다.

모나리자를 둘러싼
비밀과 소문들

레오나르도 다빈치의 〈모나리자〉는 세상에서 가장 유명한 그림 가운데 하나다. 크기는 고작 가로 53센티미터, 세로 77센티미터에 불과하지만 16세기 르네상스를 대표하는 인류의 걸작으로 꼽힌다. 그런데 이 그림에는 우리의 궁금증을 유발하는 갖가지 비밀들이 숨겨져 있다. 아직까지도 완전한 실체가 밝혀지지 않아 많은 학자들의 연구대상이 되고 있는 모나리자. 과연 모나리자는 세계인을 사로잡은 미소 속에 무엇을 감추고 있는 것일까.

레오나르도 다빈치라는 이름 앞에는 다양한 수식어가 붙는다. 익히 알려졌다시피 그는 모나리자를 그린 화가일 뿐만 아니라 과학자, 의학자, 수학자, 철학자, 건축가, 발명가였다. 이처럼 다재다능한 면모 덕분인지 그는 세상을 떠난 지 거의 500년이 지난 오늘날까지 세기의 천재로 추앙받고 있다. 그리고 대중들에게는 여전히 '핫'한 아이콘이다.

그런데 다빈치를 검색하면 뜨는 연관검색어에 '미스터리'가 있

레오나르도 다 빈치(1452~1519)는 이탈리아의 화가, 건축가, 조각가다. 피렌체의 빈민 출신으로 회화에서는 〈암굴의 성모〉, 〈성모자〉, 〈모나리자〉, 〈최후의 만찬〉 등을 남겼고, 자연과학에서는 해부학과 새의 비행 등에서 큰 업적을 남겼다. 그 외에 천문학, 물리학, 지리학, 토목학, 조병학, 생물학 등에서도 독창적인 연구와 발명을 했다.

다. 그의 또 다른 걸작 〈최후의 만찬〉이 세계적 베스트셀러 《다빈치 코드》의 모티브가 되면서 수많은 사람들이 그의 그림 속에 숨겨져 있을지 모를 비밀 메시지와 암호를 해독하기 위해 촉각을 곤두세웠다. 소설 내용대로 다빈치가 예수의 핏줄과 성배를 지키는 비밀조직인 템플기사단의 수장이었는지는 알 수 없다. 하지만 그의 그림에 깃든 갖가지 미스터리가 우리의 호기심을 무한 자극하는 것은 분명하다.

다빈치와 관련된 가장 유명한 미스터리는 그의 대표작 〈모나리자〉에 있다. 미인이라고 하기에는 다소 평범해 보이는 한 여인의 오묘한 미소를 담은 이 초상화는 다른 그림에는 없는 특별한 무언가를 지니고 있다는 것이 전문가들의 공통된 견해다. 그 때문인지 모나리자는 세계에서 가장 연구가 많이 된 그림임에도 여전히 많은 부분이 베일에 싸여 있다. 현재 〈모나리자〉는 프랑스 루브르박물관의 두꺼운 방탄유리 뒤에 전시되어 있다. 관람객에게는 6미터 뒤에서 10분이라는 짧은 감상시간만이 주어지지만 그럼에도 매년 평균 800만 명이 〈모나리자〉를 보기 위해 루브르로 몰려든다.

실제 모델은 누구

모나리자는 1502년부터 1506년 사이에 그려진 작품이다. 다빈치는 이탈리아에서 프랑스로 이주할 때까지 열정적으로 이 그림에 매달렸다. 이후 오랫동안 미완성인 채로 남겨졌다가 사망하기 직전인 1519년 완성한 것으로 알려져 있다. 다빈치는 자그마치 20여 년의 세월을 모나리자와 함께한 셈이다. 1516년 〈모나리자〉를 들고 프랑스로 건너간 다빈치는 사망할 때까지 프랑스에서 여생을 보냈다. 당시 프랑스 국왕이던 프랑수아 1세가 다빈치에게 처음 〈모나리자〉를 구입해 한때 베르사유 궁전에 보관하기도 했다. 루브르에 터를 잡은 것은 프랑스혁명 이후로, 나폴레옹 1세가 자신의 침실에 걸어두고자 옮긴 적도 있지만 얼마 후 다시 루브르로 돌아왔다.

오래전부터 많은 이들의 관심과 사랑을 받았던 〈모나리자〉는 다른 말로 '지오콘도'라고도 불린다. 모나리자의 모델이 된 여인이 피렌체의 부유한 상인 프란체스코 델 지오콘도의 부인이라는 것이 오늘날 가장 유력한 설로 받아들여지고 있기 때문이다. 지오콘도 부인의 본명은 리자 게라르디니Lisa Gherardini로, 모나리자는 그녀 나이 스물네 살 때의 초상이라고 한다. 다빈치는 이 초상화에 '성모'를 뜻하는 이탈리아어 '모나'와 지오콘도 부인의 본명 '리자'를 합쳐 모나리자라는 제목을 붙였다. 모나리자가 완성되기까지 다빈치는 무수한 역경과 고난을 넘어선 것으로 알려져 있는데 이와 관련해서는 여러 일화가 전해진다.

당시 어린 딸을 잃고 슬픔에 잠겨 있던 지오콘도 부인을 위해 다빈치가 그림을 그릴 때마다 악사와 광대를 불러 그녀를 즐겁게 했다는 말도 있다. 부인이 따뜻한 미소와 단아한 자세를 유지할 수 있었던 비결이 여기에 있었다는 주장이다. 그리고 마침내 혼신을 기울여 그린 초상화가 완성 단계에 이르렀을 무렵, 남편과 여행을 떠난 지오콘도 부인이 갑작스런 병으로 세상을 떠나면서 모나리자는 오랜 시간 미완성인 채로 남겨질 수밖에 없었다고 한다.

그러나 실제로 지오콘도 부인이 모나리자의 모델이었는지는 전문가들 사이에서도 의견이 나뉜다. 단순히 생각해도 스물네 살의 꽃다운 지오콘도 부인과 달리 모나리자는 30~40대의 여인 이미지를 풍긴다. 더욱이 다빈치는 자신의 모델들에 대한 기록을 따로 남겨뒀지만 모나리자 모델의 기록만큼은 어디서도 발견되지 않았다.

그래서 한편에서는 모나리자의 모델이 다빈치 자신이라는 다소 충격적인 주장을 하기도 한다. 모나리자와 다빈치의 자화상을 겹친 컴퓨터 그래픽이 그 근거로 제시되는데, 여기서 두 작품의 모델 골격이 동일하다는 결과가 나온 것이다. 특히 눈과 입 주위 근육은 정확하게 일치한다. 이러한 의견을 지지하는 사람들은 모나리자의 신비스런 미소는 다빈치의 얼굴에 여성적 근육 배치를 가미함으로써 생겨난 결과라고 설명한다. 허무맹랑한 얘기로 들릴 수 있지만 상황에 따라 남성 혹은 여성으로 느껴지는 모나리자 특유의 중성적 이미지를 생각하면 무조건 억측으로만 치부할 수도 없는 일이다.

인간의 모든 감정이 담긴 미소

뭐니 뭐니 해도 가장 미스터리한 부분은 모나리자의 미소다. 어딘가 모르게 차가우면서도 인자하고 따뜻하게 느껴지는 특유의 오묘한 미소는 지금도 많은 연구자들이 모나리자에서 눈을 떼지 못하게 만드는 가장 큰 이유다.

2005년 네덜란드 암스테르담대학 연구팀은 감정인식 소프트웨어를 통해 모나리자를 연구한 결과, 그 미소에 인간의 복합적 감정이 섞여 있다고 발표했다. 입술의 굴곡과 눈가의 주름 등 얼굴 주요 부위의 움직임을 수치화해 분석하자 표정의 83퍼센트는 행복의 감정이었지만 불쾌함(9퍼센트), 두려움(6퍼센트), 분노(2퍼센트) 등이 골고루 포함되어 있는 것으로 나타났다.

실제로 모나리자는 코를 중심으로 왼쪽과 오른쪽의 입 근육이 서로 다르다. 왼쪽 입술은 일자로 다물고 있어 무표정하게 느껴지는 데 반해 오른쪽은 입 꼬리가 살짝 올라가 웃는 듯한 모양을 하고 있다. 때문에 차갑지만 순간적으로 미소를 짓는 것처럼 보인다. 미소의 신비스러움에는 인간의 뇌구조도 한몫을 한다. 인간은 피사체의 왼쪽 정보는 우뇌, 오른쪽 정보는 좌뇌가 처리하며, 특히 오른손잡이들은 우뇌를 통해 왼쪽 얼굴을 중심으로 전체 표정을 인식한다. 전문가들은 이러한 점이 미소의 신비를 극대화하는 요인이라고 분석한다. 만일 모나리자의 얼굴을 합성해서 좌우 모두를 웃도록 하거나 무표정하게 통일한다면 어떨까. 이 경우 표정은 더 또렷해지지만 특유의 신비감은 확연히 떨어진다.

그렇다면 과연 다빈치는 이 모든 것을 사전에 계산한 상태에서 모나리자의 미소를 표현한 것일까. 과학자이자 의학자였던 그의 치밀한 면모를 감안하면 충분히 가능한 추정이다. 특히 다빈치는 해부학에 조예가 깊었다. 그는 최초로 인체의 장기를 해부한 인물이기도 한데, 르네상스 초기만 해도 인체 해부는 금기시 되었지만 차츰 의학적 용도로 허용되기 시작했다. 이때부터 다빈치는 해부학을 연구했고 뼈와 근육의 움직임을 비롯한 많은 부분을 깨달았다. 미술은 곧 과학이라 믿었던 그는 해부학을 토대로 인체를 한층 섬세하게 그려낼 수 있었던 셈이다.

하지만 모나리자의 미소가 신비스럽게 느껴지는 것은 단지 입술 등의 독특한 표현 때문만은 아니다. 오랫동안 모나리자를 연구해 온 학자들은 전시장의 밝기와 그림이 걸린 위치 등에 따라 미소를 볼 수도 그렇지 않을 수도 있다고 말한다. 우리 눈은 복합적 신호를 뇌에 전달하는

〈모나리자〉는 16세기 르네상스 시대에 레오나르도 다 빈치가 그린 초상화로, 현재 프랑스 파리 루브르박물관에 전시되어 있다. 이 그림에는 세상의 이목을 끄는 다양한 미스터리들이 있는데, 이와 관련된 소설이나 영화들도 적지 않다.

데 망막세포들은 사물의 밝기, 위치 등을 코드화해 각각 다르게 분류된 정보를 뇌에 보낸다. 때문에 각 조건의 변화에 따라 미소가 달리 보일 수 있다는 것이다. 한 실험에서도 빛이 모나리자의 미소에 영향을 준다는 사실이 밝혀졌다. 피실험자들을 두 부류로 나눠 각각 흰색 화면과 검은색 화면을 30초간 보도록 한 뒤 모나리자를 보여주자 흰 화면을 본 쪽에서 미소를 상대적으로 잘 포착한 것이다. 또한 정중앙보다는 측면에서 바라볼 때 미소가 훨씬 선명하게 보인다는 실험 결과도 발표된 바 있다.

섬세한 스푸마토 기법

이러한 연구결과와 상관없이 미소의 신비를 창조한 바탕에 화가로서 다빈치의 내공이 있었음을 부정하기는 어렵다. 그가 모나리자의 눈과 입매에 스푸마토sfumato 기법을 사용했다는 점이 그 방증이다.

스푸마토 기법은 서로 다른 색상 사이의 윤곽을 명확히 구분 짓는 대신 안개를 표현하듯 색을 미묘하게 변화시켜 색상의 경계가 자연스럽게 넘어가도록 표현하는 명암법이다. 이는 다빈치가 처음 도입한 것으로서 다람쥐털 소재의 붓으로 연하게 녹인 물감을 칠해 색의 변화를 낸 후 손가락으로 윤곽을 지워 마무리하곤 했다고 한다. 다빈치의 그림에 아직까지 그의 지문이 뚜렷이 남아 있는 이유도 여기에 있다.

이와 관련하여 최근 프랑스박물관 연구복원센터가 X선 형광분광기를 이용해 모나리자를 분석하기도 했다. 그 결과 스푸마토 기법을 위해 다빈치는 물감을 여러 차례 연하게 덧칠했으며, 결코 1~2밀리미터를 넘지 않는 붓질로 최대 30겹까지 반복했다는 사실이 밝혀졌다. 사실 르네상스 시대의 회화가 가진 최대 특징은 명확한 윤곽선의 표현이다. 그럼에도 다빈치가 스푸마토 기법을 도입한 것은 그림 속 기하학적 원근법이 견고할수록 조화를 해친다고 봤기 때문이다. 이렇게 그가 구현한 섬세한 스푸마토 기법은 그림을 바라보는 이로 하여금 거리감과 공간감을 느낄 수 없도록 만들었고, 이는 미소뿐 아니라 그림 전체에 심오한 깊이를 더해주는 효과를 낳았다.

과학자들은 이를 시신경과 관련해 해석하기도 한다. 인간의 시세포는 간상세포와 원추세포가 있는데 전자는 명암과 이동 중인 물체, 후자는 색상과 정지된 물체를 인식한다. 스푸마토 기법은 그중 간상세포를 자극하여 시신경에 혼란을 불러옴으로써 다양한 반응을 유도한다는 것이다.

이외에도 다빈치는 입체감 표현에 많은 연구노력을 기울였다. 빛의 방향에 따라 입체 효과가 발휘되는 색상을 개발해, 모나리자가 쓴 베일에 사용했다는 연구결과도 있다. 또한 감상자를 정면으로 응시하는 여인의 시선과 그림 중앙에서 약간 비껴 놓인 손 등 당시의 미술화법에서 벗어나는 구도 역시 입체적 깊이를 더한다. 이처럼 섬세하고 정밀한 모나리자를 통해 다빈치는 한 인간의 외양을 넘어 인간의 오묘한 감정과 내면의 영혼까지 표현했다는 극찬을 받고 있다.

모나리자와 관련한 궁금증 중 빠뜨릴 수 없는 것이 또 하나 있다.

바로 눈썹이다. 눈썹이 없는 것은 모나리자의 대표적 특징으로 이에 대해서도 다양한 설이 제기된다. 넓은 이마를 미인의 조건으로 여겼던 당시 사회 분위기에 맞춰 눈썹을 뽑는 것이 여성들 사이에 유행했다는 설, 아직도 모나리자는 미완성 작품이라는 설 등이다.

최근에는 원래의 모나리자에는 눈썹이 있었다는 주장이 나오기도 했다. 모나리자 연구가로 유명한 프랑스의 파스칼 코트가 자신이 개발한 특수 카메라로 그림을 분석하여 이런 결론을 내렸다. 그는 모나리자를 자외선, 적외선 등 13개 스펙트럼을 가지고 2억4000만 화소급 초정밀 이미지로 스캔했다. 그리고 모나리자의 얼굴을 24배 확대해 왼쪽 눈썹 한 가닥을 그린 붓 자국을 찾아냈다. 그는 이것이 원래 눈썹이 있었다는 확실한 근거라고 주장한다. 그는 눈썹이 지워진 까닭에 대해서는 누군가가 실수로 지웠을 개연성을 제시하고 있다. 모나리자의 눈 주위를 자세히 살피면 미세한 금들을 볼 수 있는데, 이는 그림 복원 과정에서 이 부분을 부주의하게 닦았다는 증거로 볼 수 있다는 게 그의 판단이다. 하지만 이 모든 사항들은 단지 가설일 뿐 진실은 아직 미궁 속을 빠져나오지 못하고 있다.

루브르 모나리자는 가짜

모나리자에 얽힌 의문들 가운데 우리를 가장 동요하게 만드는 것은 현재 루브르박물관에 전시되어 있는 〈모나리자〉가 진품이 아닐 수도 있다는 부분이다. 일부 음모론자들의 헛소리일 수도 있지만 이탈리아의 화가이자 역사가인 조르조 바사리 Giorgio Vasari는 《미술가 열전》에서 "다빈치는 모나리자에 4년을 투자하여 미소가 더없이 사랑스런 여인의 얼굴을 그려냈지만 미완성인 채로 끝났다."고 적었다. 하지만 알다시피 루브르박물관의 모나리자는 미완성작이 아니다. 이탈리아의 또 다른 화가이자 역사가인 지오바니 파올로 로마츠도 자신의 저서에서 지오콘도 부인의 초상과 모나리자가 별개의 그림으로 존재한다는 점을 시사하기도 했다.

이게 사실이라면 미완성으로 끝났다는 원조 모나리자의 행방은 어떻게 됐을까. 관련 기록을 연구한 자료를 종합해보면 미완성 모나리자는 이탈리아에서 흘러나와 영국의 한 귀족이 보관하던 중 제1차 세계대전 직전 그 존재가 세상에 알려진다. 이후 싼 값에 미술상에 팔렸다가 런던 근교의 아일워스 갤러리에 보관되어 〈아일워스의 모나리자〉라는 이름이 붙었는데, 이 작품은 배경 부분이 미완성인 상태다.

〈아일워스의 모나리자〉가 진품이라는 주장에 대한 근거는 다빈치의 제자였던 라파엘로의 습작 스케치다. 이 스케치는 라파엘로가 1504년 다빈치의 화실에서 모나리자를 보며 따라 그린 것이라고 알려져 있다. 바로 여기에 루브르 모나리자에는 없지만 〈아일워스의 모나리자〉에는 그려져 있는 두 개의 기둥이 있다.

현재 〈아일워스의 모나리자〉는 영국 과학자 헨리 퓰리쳐가 소유 중이다. 루브르 모나리자와 마찬가지로 다빈치의 지문이 남아 있어 이미 분명한 다빈치 작품으로 판명됐다. 그러나 루브르 모나리자와의 상관관계나 다빈치가 왜 한 명을 상대로 두 작품을 그렸는지 등은 알 길이 없다. 한 가지 조심스레 추측할 수 있는 것은 그림 속 주인공의 연령대를 볼 때 〈아일워스의 모나리자〉가 먼저 그려진 뒤 나중에 루브르의 모나리자가 탄생했을 것이라는 점 정도다.

한편 2010년에는 모나리자의 눈 속에서 글자와 숫자가 발견됐다는 소식이 들려 세간의 화제를 모았다. 이탈리아 국립문화유산위원회가 모나리자의 눈을 촬영한 고해상도 이미지를 현미경으로 관찰한 결과였다. 위원회 측은 오른쪽 눈에 'LV', 왼쪽 눈에는 'CE' 혹은 'B'가 쓰여 있다고 밝혔다. 또한 배경부분인 다리의 아치에서도 숫자 '72' 혹은 글자 'L'과 숫자 '2'가 관찰됐다고 덧붙였다. 이것이 무엇을 의미하는지는 지금도 모른다. 이른바 《다빈치 코드》의 결정적 단서인지도 당연히 알 수 없다. 어쩌면 이는 프로그래머들이 게임이나 소프트웨어에 몰래 숨겨놓은 '이스터 에그Easter Egg' 처럼 다빈치의 단순한 장난일 수도 있다. 그렇다면 모나리자를 둘러싼 작금의 추측들은 그의 천재적 능력에 의해 촉발된 해프닝일지도 모른다.

하지만 중요한 것은 모나리자에 대한 관심이 여전히 뜨겁고, 그와 관련한 갖가지 연구가 갈수록 활발해지고 있다는 사실이다. 지금으로서는 풀리지 않는 궁금증들이 훨씬 더 많지만 과학기술이 더욱 발전하면 모나리자도 그 두터운 베일을 벗어던질 날이 올 것이다.

인간의
초감각과 제6감

현대과학은 인간에게 다섯 가지 감각이 있다고 말한다. 사물을 보는 시각, 소리를 듣는 청각, 냄새를 맡는 후각, 맛을 보는 미각, 그리고 압력과 온도, 질감을 느끼는 촉각이 바로 그것이다. 인간의 감각은 자연에서 살아남기 위해 오늘날과 같이 발전해 왔다. 감각이 시원찮은 생물이 먹이를 발견하거나 위협을 피하는 등 생존에 필수적인 행위를 제대로 할 리가 없기 때문이다. 인간의 감각은 생물 전체에서도 결코 뒤지지 않는다. 특히 색을 구분하거나 형체를 파악하는 능력 등 시각 부문의 섬세함에 있어서는 타의 추종을 불허한다. 이 같은 인간의 감각은 대형 포식동물에 비해 물리력이 뒤지는 인간이 오늘날까지 멸종하지 않고 생존하는 데 필요충분조건이었다.

하지만 현대문명은 인간의 감각을 무디게 만들고 있다. 시끄러운 소음과 헤드폰, 빛이 나는 모니터, 대기오염 등으로 인간의 감각 능력이 급속도로 떨어지고 있는 것이다. 그렇다고 생존에 큰 지장이 생기는 것은 아니다. 각종 안전장치가 마련된 도시에서 특별하게 감각이 뛰어날 필요는 없기 때문이다. 더욱이 보청기나 안경, 콘택트렌즈 등 문명의 이기로 보완해 가며 살아갈 수도 있다.

인간이 가지고 있는 감각의 잠재력은 생각하는 것 이상으로 뛰어나다. 일례로 제2차 세계대전에서 활약한 구舊일본 해군의 에이스 파일럿 사카이 사부로坂井三郎의 자서전《대공의 사무라이》를 보면 당시 일본 전투조종사들의 훈련내용이 나오는데, 거의 무협지를 방불케 하는 수준이다. 맨손으로 파리를 잡는가 하면 대낮에 육안으로 별을 보기도 한다. 이 같은 기록을 통해 당시 일본 전투조종사들의 반사신경, 시력, 균형감각 등이 일반인보다 월등했다는 것을 알 수 있다. 사카이 사부로 본인만 해도 시력이 2.5나 되었다고 한다. 이렇듯 일반인의 한계를 뛰어넘는 감각, 이른바 초감각의 소유자들은 21세기인 현대에도 얼마든지 찾아볼 수 있다.

뛰어난 초감각의 소유자들

미국 남부 캘리포니아에 있는 메트로폴리탄 워터 디스트릭트는 1900만 명에게 하루 57억 리터의 물을 공급하는 미국에서 가장 큰 수돗물 공급업체다. 이곳에서 근무하는 28년 경력의 화학자 페기 모일란은 외부 대기와 완전히 격리된 실험실에서 코와 혀를 이용해 상수원의 수질을 체크한다. 일반적으로 상수원에 조류藻類가 증식하면 대사물질인 지오스민 Geosmin과 2−MIB2-Methyl isoborneol이 많이 생긴다. 지오스민은 수돗물에 흙냄새를, 그리고 2−MIB은 곰팡이 냄새를 증가시킨다. 모일란은 바로 코와 혀를 이용해 상수원 내에 이 물질들이 얼마나 증가하는가를 정확히 알아낸다. 2003년 상수원에서 화재가 발생했을 때는 물에서 나는 극미

량의 탄내를 감지해내기도 했는데, 이는 첨단 분석장비도 감지하지 못했던 것이다. 1년 반 후에는 역시 첨단 분석장비가 감지해내지 못했던 수중 고형폐기물 정화용 폴리머 성분을 감지해내기도 했다.

24년 경력의 전투조종사인 미 해군 대령 마크 허바드는 야간시력이 매우 뛰어나다. 그는 2003년 4월 이라크 상공을 야간 비행하던 중 근처를 비행하던 아군 B-1 폭격기의 배기가스 항적을 발견하고 급히 조종간을 돌려 공중충돌을 모면했다. 청각이 뛰어난 사람도 있다. 미국 플로리다 주 마이애미에서 컴퓨터 컨설팅 회사를 운영하고 있는 루이 로사스귀용은 2005년 허리케인 카트리나로 정전이 발생하자 예비 발전기를 작동하고 있었다. 그런데 그때 발전기 소음 속에 묻힌 기름 도둑의 발소리를 정확히 듣고 도둑을 내쫓았다.

촉각도 빠질 수 없다. 마사지사인 캐시 그루버는 뛰어난 촉각 능력을 사용해 환자의 피부를 만지기만 해도 환자의 건강한 부위와 병든 부위를 구분해낼 수 있다. 그녀는 너무나도 촉각이 예민한 나머지 파리 한 마리만 앉아도 소스라치게 놀랄 정도다. 이처럼 지나치게 촉각이 예민한 사람들을 위한 특수담요도 시판되고 있다. 코지 캄사에서 제조한 이 담요는 섬유 속에 특수 플라스틱 구슬을 꿰매 넣은 것으로 무게가 13.5킬로그램이나 된다. 제조사의 주장에 의하면 이 무거운 담요는 전신에 걸쳐 완만하고 고르게 촉각을 압박함으로써 지나치게 예민한 사용자의 신경을 분산시키고 편하게 잠을 이룰 수 있도록 돕는다고 한다.

초감각이 얻어지는 루트

일반인의 한계를 뛰어넘는 감각, 즉 초감각은 어떻게 해서 얻어지는 것일까. 여기에 대해서는 몇 가지 이론이 있다. 우선 타고난 소질 또는 감각의 노화가 매우 적기 때문에 이 같은 초감각을 갖게 된다는 이론이다.

갑상선 약 프로필티오우라실(상품명 안티로이드)을 먹었을 때 맛을 느끼는 여부는 전적으로 유전자에 따라 결정된다. 이 약을 투여했을 때 특정 유전자를 가진 사람은 극도의 쓴맛을 느낀다고 하는데, 그런 사람은 보통 미뢰가 달려 있는 혀의 심상유두가 극도로 발달해 다섯 가지 맛을 아주 잘 느낀다. 타고난 소질인 셈이다. 음식을 섭취할 때 인간이 느끼는 풍미 중 상당부분은 음식의 향기에서 기인하는데, 프로필티오우라실에서 쓴맛을 느끼는 사람 정도는 되어야 음식이 가진 본래의 맛을 제대로 느낀다고 할 수 있는 것이다.

감각의 노화가 적은 것도 초감각을 얻게 되는 요인으로 꼽힌다. 인간은 태어났을 때 최저 20헤르츠에서 최대 20킬로헤르츠까지의 소리를 들을 수 있다. 하지만 이는 성인기 초기에 급속도로 저하되며, 30대 중반이 되면 최대 13킬로헤르츠까지밖에 들을 수 없다. 하지만 앞서 예를 든 귀용의 경우에는 현재 나이가 서른일곱인데도 최대 18킬로헤르츠까지 들을 수 있다. 이는 다른 사람보다 청각의 노화가 적게 일어났다는 증거인 셈이다. 또한 에스키모의 시력이 4.0이나 되는 것은 먼 곳을 많이 보는 등 그들의 생활 여건상 시력 감퇴가 문명인에 비해 현저히 덜하다는 것을 의미한다.

초감각과 관련한 두번째 이론은 자폐증 등 질병에 의해 감각이 강화된다는 것이다. 콜로라도 주립대학의 동물과학과 교수인 템플 그라딘은 1950년대에 자폐증을 앓은 후 극도로 감각이 예민해졌다고 기록하고 있다. 약간 까칠한 옷을 만지기만 해도 마치 거친 사포로 피부를 갈아내거나 치과용 드릴이 신경을 건드릴 때처럼 고통스러웠다는 것이다. 그라딘은 자폐증으로 인해 시각령이 위치한 뇌 후부의 뉴런이 과잉 발달하여 이처럼 감각이 강화됐다고 주장한다.

　　세번째는 훈련을 통해 감각을 증대시킬 수 있다는 이론이다. 로체스터대학의 뇌인지과학 연구자인 다프네 베일비어는 비디오게임을 함으로써 색 대비가 낮은 상황에서의 시력이 좋아지고, 어지러운 배경에서 사물을 더욱 명확히 구분할 수 있다는 연구결과를 내놓았다. 훈련을 통해 뇌 시각령의 기능을 증대하여 시력 향상을 얻을 수 있음을 증명한 것이다.

　　화학자 모일란의 경우도 후각과 미각을 증대시키기 위한 특별훈련을 받았다고 한다. 비슷한 조건이라도 이 같은 훈련을 받은 사람들은 그렇지 않은 사람들보다 분명 후각과 미각 면에서 뛰어났다. 이 같은 훈련을 개발하기에 따라서는 이른바 감각영재의 육성뿐만 아니라 감각이 많이 둔화된 사람들의 재활에도 응용할 수 있을 것이다.

　　실제로 뛰어난 감각을 지닌 감각인재는 화장품, 식품, 교통, 디자인 등 사람들의 생활에 직결된 분야에서 훌륭하게 활동할 수 있다. 미국의 유명 와인 평론가인 로버트 파커의 혀가 무려 100만 달러의 보험가치를 가진 것으로 평가되는 것을 보면 초감각은 경제적 가치 또한 엄청나다고 할 수 있다.

제6감의 과학적 증명 시도

하지만 놀라운 것은 이것만이 아니라 바로 제6감이다. 제6감은 기존의 감각 범위에 포함되지 않는 특수한 인지기능을 말하는데, 동물에게서 확연히 관찰된다. 큰 배가 가라앉기 직전 배에 사는 쥐들이 먼저 도망쳐 물로 뛰어든다든지 지진이나 해일 등 큰 자연재해가 일어나기 전에 동물들이 모습을 감춘다든지 하는 것이 대표적인 사례다.

인간 감각의 잠재력은 생각 이상으로 뛰어나 최근에는 이러한 감각, 그중에서도 제6감에 대한 과학적 분석을 시도하고 있다. 나이트 샤말란(M. Night Shyamalan) 감독의 영화 〈식스 센스〉(1999)의 한 장면.

사람의 경우도 마찬가지다. 링컨 대통령은 저격당하기 6주 전 자신의 죽은 모습을 꿈에서 보았다고 한다. 뒤통수가 근질근질해 뒤돌아보니 누군가 자신을 죽일 듯 쨰려보고 있었다는 말도 했다. 산부인과에서 갓 태어난 아이들이 섞여 있을 경우 어머니는 5감은 물론 제6감까지 사용해 자기 아이를 구분해낼 수 있다는 이야기도 있다.

어쨌든 제6감에 대한 과학적 증명이 가능한가의 여부는 과학자들 사이에서도 엄청난 논란의 대상이 되고 있다. 이 가운데 간츠펠트 실험은 제6감에 대해 과학적인 증명을 시도한 대표적 사례다. 미국의 초심리학자 찰스 호노턴Charles Honorton이 창안한 이 실험은 피험자의 모든 감각이 박탈된 상태에서 의식 변동 상태, 즉 꿈이나 잠, 혼수상태 등에서 의식이 근본적으로 바뀐 상태를 유도한다. 이 같은 방식은 동양 종교, 특히 불교의 선과 힌두교의 요가에서 외부의 감각 통로를 일체 차단하고 깊은 명상으로 잡념을 없애면 제6감이 잘 나타난다는 점에 착안한 것이다.

　간츠펠트 실험은 세 사람으로 진행된다. 수신자는 방음된 방에 앉아서 시각과 청각의 흐트러짐을 방지하는 조치를 취한다. 이를테면 눈에는 반으로 쪼갠 탁구공을 얹고, 귀에는 백색소음을 내는 이어폰을 꽂는다. 백색소음이란 모든 주파수 대역에서 동일한 에너지의 분포를 갖는 소리를 말하는데, 일종의 소음 중화효과가 있다. 그리고 역시 방음된 다른 방에 있는 송신자는 텔레비전 앞에 앉아 임의로 선택된 영상을 보면서 그 영상을 수신자에게 전달하려고 노력한다. 그런 후 수신자가 느낀 것을 보고하면 제3자가 기록한 뒤 결과를 평가한다.

　1974년 간츠펠트 실험이 처음으로 제6감 연구에 도입된 이후 2004년까지 세계 도처에서 같은 실험이 88차례 실시됐다. 그리고 총 3245건의 전송 시도 중 송신자와 수신자의 영상이 일치하는 사례는 1008건으로 32퍼센트의 적중률을 보여주었다. 간츠펠트 실험은 모든 실험 결과를 취합해 분석을 실시함으로써 제6감을 과학적으로 설명하는 기틀을 마련한 것으로 평가되고 있다.

　하지만 기존 학계의 반발은 엄청났다. 실험조건과 무작위성이 미흡했으며, 이 결과만으로는 제6감이 존재한다는 결론을 낼 수 없다는 것이었다. 또한 이 같은 적중사례가 제6감에 의한 것이라는 증명이 어떻게 가능한가 하는 지적도 나왔다. 무엇보다 그 같은 반발과 지적의 가장 핵심적인 이유는 5감으로 대표되는 인간의 기존 감각으로는 측정 불가능한 제6감이 실험 대상이었기 때문이다. 증거와 객관성, 합리성을 무엇보다 우선하는 현대과학은 인간의 5감으로 입증해낼 수 없는 것은 깊숙이 다루지 않으려는 경향이 강하다.

　앞으로 제6감에 대한 완전한 과학적 증명이 이루어질지는 알 수 없다. 하지만 현대과학이 제6감을 증명해 낸다면 인간의 능력은 또 다른 차원으로 진보할 것이 분명하다. 감각은 타고난 무기가 없는 인간의 생존에 필요한 핵심적 능력이니까 말이다.

외계인의 지구인 납치

은하계에는 지구와 닮은 행성이 셀 수 없이 많다고 한다. 이 때문에 지구인과 동등하거나 더욱 진보된 과학기술 문명을 가진 외계인이 존재할 것이라는 생각은 오래전부터 계속되어 왔다. 이 같은 전제에서 미확인비행물체UFO의 존재 여부와 이를 움직이는 동력원에 대한 관심도 이어지고 있다. 여기서 한걸음 더 나간 것이 바로 외계인에 의한 납치다. UFO를 타고 돌아다니는 외계인은 실제로 존재하며, 외계인에게 납치당한 인간이 생체실험을 당하거나 신비한 능력을 부여받는다는 것이다. 이 같은 주장은 과연 어디까지 사실일 수 있을까.

외계인의 존재에 대한 관심은 인류의 역사만큼이나 오래됐다고 할 수 있다. 과학기술이 발달하지 않았던 과거에도 사람들은 수많은 별을 바라보면서 그곳에 살고 있을 생명체의 모습을 상상해 보았을 것이다. 물론 그들이 생각한 생명체는 천사나 신화에 나오는 인물들의 모습과 가까웠다. 현대인들이 생각하는 외계인의 모습과는 판이하게 달랐다는 얘기다. 그래서 유명한 정신분석학자인 칼 융Carl Gustav Jung은 UFO를 하나의 현대적인 신화라고 불렀다. 과학기술시대에 사는 현대인들은 외계인이 있다면 틀림없이 UFO를 타고 지구를 찾아올 만큼 고도의 과학기술 문명을 갖고 있으리라고 생각한다는 것이다.

사실 외계인의 존재 여부에 대한 질문은 UFO의 정체를 이해하는 것과 밀접한 관계가 있다. 1947년 미국의 케니스 아놀드가 UFO를 관찰했다는 신문기사가 난 이후 지금까지 수백만 건에 달하는 목격담이 전 세계로부터 보고되고 있다. 하지만 대부분의 UFO 전문가들은 그중 5퍼센트 정도만이 신뢰할 만하다고 말한다. 5퍼센트라고 하더라도 수천에서 수만 건에 이르기 때문에 여기서 주목해야 할 사실은 이 5퍼센트에 해당하는 UFO목격담의 진위 여부다.

존재 여부가 확인되지 않은 UFO지만 수많은 목격담을 토대로 보면 수없이 많은 종류가 있다. 접시 형태를 중심으로 길쭉한 시가 형태, 축구공처럼 둥근 형태, 구름으로 위장된 형태, 심지어는 투명하게 위장된 형태 등도 보고되고 있다. 인류의 과학기술을 기준으로 본다면 항공기는 크기나 형태가 달라도 동체와 날개, 그리고 꼬리날개 등 유사한 형태를 가지고 있다. 또한 자동차 역시 크기는 달라도 네 개의 바퀴를 이용해 움직이는 기본 형태를 크게 벗어나지 않는다. 이 같은 맥락에서 본다면 UFO의 형태 역시 한두 가지를 벗어나지 말아야 한다. 하지만 간간이 목격되는 UFO의 형태는 너무나도 다양하기 때문에 서로 다른 외계 문명에서 개발된 것이라는 주장이 나오고 있다. 또한 UFO를 움직이는 동력원으로는 반물질, 반중력 장치, 그리고 플라즈마 엔진 등이 거론되고 있다.

UFO를 목격했다는 사람들은 항공기 조종사를 비롯해 다양한 배경을 가진 사람들로, 때로는 외계인과 직접 접촉해 생긴 것으로 여겨질 수 있는 물리적 흔적을 몸에 갖고 있기도 하다. 한마디로 헛것을 봤다고 치부할 수만은 없다는 것이다. UFO가 존재하는 것이 사실이라면 외계인도 존재하며, 따라서 지금 이 순간에도 지구 어딘가를 활보하고 있다는 얘기가 될 수 있다. 또한 미국드라마 〈X 파일〉에 나오는 것처럼 각국 정부가 이 모든 사실을 숨겨오고 있다는 의혹을 받을 수도 있다.

이 넓은 우주에 오직 지구에만 생명체가 존재한다면 우주의 크기는 지나치게 낭비라고 한 스티븐 호킹 박사의 말처럼 외계인 또는 외계 생명체에 대한 인류의 관심은 오늘도 끊이지 않는다.

목격담에 기초한 외계인 모습

지구의 생명체는 탄소화합물과 용매로 물을 사용하는 화학반응에 기초하고 있다. 과학자들은 이 같은 조건을 갖춘 행성은 드물며, 따라서 외계인의 존재 가능성도 희박하다고 주장한다. 하지만 인류가 탐색하지 못한 우주의 한 영역에 인류보다 고등한 외계인이 있다고 믿거나 이미 지구 안에 신분을 숨긴 외계인이 존재할 수 있다고 생각하는 사람들은 이에 반발한다. 왜 지구 환경을 기준으로 생명체의 존재 가능성을 논의해야 하느냐는 것이다. 특히 지구 생명체가 어떻게 탄생했는지 그 정확한 기원조차 모르는 상태에서 지구의 생존환경을 잣대로 삼는 것은 난센스라는 게 이들의 주장이다.

외계인의 존재를 믿는 사람들은 지구에서의 목격담을 토대로 그들의 모습을 분류하고 있다. 우선 지구에서 가장 많이 목격되는 외계인은 회색 피부로 1미터 내외의 키에 큰 머리와 크고 검은 아몬드 형태의 눈을 가졌다. 1947년 발생한 로스웰 사건 이후 외계인 해부 동영상으로 유명해진 외계인의 모습이다. 렙탈리안은 파충류처럼 생긴 외계인으로

붉은 눈에 온몸이 도마뱀과 같은 비늘로 덮여 있다. 인류를 기준으로 보면 고등한 지적 생명체가 아닌 것으로 보인다. 하지만 외모와 달리 매우 높은 지능과 과학기술 문명을 가지고 있으며, 회색 피부 외계인을 노예처럼 지배한다는 주장도 나오고 있다. 또한 노르딕은 북유럽 사람과 비슷하게 흰 피부에 금발머리, 그리고 푸른 눈을 가지고 있다. 남자와 여자가 구별되고, 인간의 언어를 쓰는 것이 가능하다고 한다.

회색 피부, 렙탈리안, 노르딕 등의 외계인 구분은 기본 형태를 중심으로 한 것일 뿐 체격이나 특징에 따라 세부 분류가 가능한 다양한 형태의 외계인이 있다는 주장도 있다. 심지어는 맨 인 블랙Men-In-Black, 즉 지구인 속에 숨어사는 외계인이 존재한다는 주장도 있다.

조금 합리적으로 접근한다면 외계인의 모습은 팔과 다리를 지니고, 좌우대칭 구조를 가졌을 가능성이 크다. 좌우 흔들림 없이 이동하기 위해서는 좌우대칭의 팔 다리와 직립보행이 필수적이기 때문이다. 또한 신체의 각 부분을 지배하는 두뇌가 있는 머리에 주요 감각기관이 집중되어 있을 것으로 분석되고 있다. 그래야만 외부 자극에 빠르게 반응할 수 있기 때문이다. 지구상에서도 양서류, 파충류, 어류 등의 진화 형태가 다르다는 점을 감안하면 외계인이 탄생한 행성의 환경에 따라 모습도 다양할 것이라는 추론이 가능하다. 예를 들어 대부분의 표면이 바다로 이뤄진 행성에서라면 매끈한 유선형 몸매와 비늘이 덮여 있을 가능성이 크다.

1947년 발생한 로스웰 사건의 현장 사진 중 하나.

외계인과 UFO의 존재 가능성을 인정한다면 외계인에 의한 납치 가능성 역시 자연스럽게 제기될 수 있다. 인구 4000명 수준인 미국 알래스카의 작은 마을 놈Nome에서 벌어진 주민 실종사건이 대표적인 사례다. 이곳에서는 1960년대부터 40년 동안 약 1200여 명의 주민이 사라졌다 다시 나타나는 불가사의한 일이 벌어졌다.

이 사건을 두고 심리학자 애비게일 타일러Abigail Tyler 박사는 외계인에 의한 인간 납치라는 주장을 펼쳤다. 그녀는 특히 자신의 딸이 외계인에게 납치되는 장면을 목격했다고 증언했다. 그녀의 주장은 영화 〈포스 카인드The Fourth Kind〉(2009)의 토대가 되었는데, 영화에서 타일러 박사 역을 맡은 밀라 요보비치Milla Jovovich는 이렇게 말한다. "이 영화는 2002년 10월 1일부터 9일까지 알래스카 북동부에 있는 놈이란 도시에서 실제 일어난 사건을 각색해서 만들어졌습니다. 이야기를 잘 표현하기 위해 감독은 실제 영상을 영화 곳곳에 삽입했는데, 그 영상들은 타일러 박사로부터 얻은 것입니다. 타일러 박사는 외계인에게 납치됐던 사람들을 인터뷰하는 과정에서 65시간 분량의 녹화 테이프와 녹음 내용을 모아두었습니다. 당사자들의 사생활 보호를 위해 관련 인물들의 이름은 모두 바꾸었습니다."

이 말은 이 영화가 실제 사건을 토대로 했다는 점을 강조

★ 로스웰 사건

1947년 6월 14일 농부 윌리엄 브래즐은 로스웰로부터 100킬로미터가량 떨어진 목장에서 어떤 잔해를 발견했다. 〈로스웰 데일리 레코드〉 기사에 의하면 브래즐이 발견한 물체는 "은박지, 종이, 테이프, 막대"로 이루어져 있었다. 그때 거기서 실제로 무슨 일이 있었는지, 어떤 증거를 믿어야 하는지에 대해서는 논란이 많다. 미군은 비밀리에 띄운 실험용 기구가 추락한 것이라고 주장하지만, UFO 추종자들은 외계 생명의 우주선이 추락한 것을 미국 정부가 은폐하고 있다고 생각한다. 이 논란은 대중문화에 큰 영향을 미쳤으며, 로스웰 사건은 UFO로 주장되는 가장 잘 알려진 사건 가운데 하나다.

하기 위한 것이었다. 영화 개봉 후 외계인에 의한 인간 납치는 인터넷 커뮤니티와 블로그의 중요한 주제로 떠올랐다.

그렇다면 외계인에 의한 인간 납치는 어떤 형태로 이루어지는 것일까. 천문학자이자 UFO 전문가인 앨런 하이넥Allen Hynek은 1970년대 외계인 근접조우 방식을 네 가지로 분류했다. 제1종First Kind은 UFO를 목격하는 것이다. 하늘에 떠 있거나 이동중인 UFO를 본 경험 혹은 그것을 사진이나 영상으로 담은 것을 말한다. 제2종Second Kind은 외계인의 흔적을 발견한 사례로, 기묘한 도형으로 이루어진 미스터리 서클처럼 UFO가 착륙한 흔적을 발견한 경우가 이에 해당된다.

제3종Third Kind은 외계인을 직접 만난 경우인데, 이는 사례가 적은 편이다. 아무래도 UFO의 흔적보다는 외계인을 직접 조우하는 것이 확률적으로 적기 때문일 것이다. 다만 외계인을 만나는 경우에 있어서도 본인 의지가 있어야 하며, 가벼운 신체 접촉 역시 제3종에 포함된다.

강제에 의해 외계인을 만나는 경우는 제4종Fourth Kind으로 분류된다. 외계인에게 납치되어 생체실험이나 이물질 주입 등을 당한 경우가 여기에 해당된다. 외계인에게 납치되었다고 주장하는 사람들의 경험을 살펴보면, 생체실험을 당했음에도 불구하고 표면적으로는 멀쩡하다는 게 특징이다. 또한 몸속에 칩이나 금속물질을 집어넣거나 배를 가르는 실험을 당했지만 고통이 없었으며 흉터 역시 없다. 하지만 칩이나 금속물질이 주입되는 실험을 당한 경우 엑스레이를 찍어보면 실제 그 부분에 이물질 주입 흔적이 나타난다고 한다.

외계인에게 납치된 사람들

1954년 12월 9일, 밭을 갈고 있던 이탈리아 농부 지오바니 아퀴알렌테가 농기구만 남겨둔 채 행방불명되는 사건이 일어났다. 경찰이 동원되어 마을 전체를 샅샅이 수색했지만 그를 찾지 못했다. 이튿날 밤늦게까지 아버지를 찾기 위해 돌아다니던 지오바니의 아들과 친구들은 사건이 일어난 밭 근처를 지나게 됐다. 그들은 정체를 알 수 없는 사람이 자신들을 쳐다보고 있는 것을 발견하고 그곳으로 다가갔지만 그들이 다가가자 그 사람은 홀연히 사라지고 말았다.

실종 48시간 후에 사라졌던 지오바니가 돌아왔다. 그런데 이틀 동안 폭우가 쏟아졌음에도 불구하고 그는 한

올라턴드 오선샌미(Olatunde Osunsanmi) 감독의 〈포스 카인드〉 영화 포스터. 실제 사건을 토대로 영화를 만들었기 때문에 개봉 후 외계인에 의한 인간 납치는 인터넷 커뮤니티와 블로그의 중요한 이슈가 되었다.

군데도 젖은 곳이 없었다. 집에 돌아온 그는 상당히 겁을 먹은 상태였으며, 두려운 기색도 역력했다. 가족들의 질문에 지오바니는 지금까지 본 적이 없었던 난쟁이들에게 끌려갔다고 말했다. 그의 말을 재구성해 보면 이렇다. 평소처럼 밭을 갈고 있던 지오바니는 머리가 크고 화려한 옷을 입은 두 명의 난쟁이에 의해 몸이 마비되었고, 그런 상태로 하늘로 끌려 올라가 알 수 없는 장소에서 온갖 생체실험을 당했다는 것이다.

지오바니를 검진한 의사들은 그의 몸에서 예리한 도구로 긁은 상처를 발견했다. 검진을 받는 동안 그는 의사들에게 "그들이 배를 가르고 이상한 물체를 집어넣었다."며 "신기하게도 고통은 없었다."고 말했다. 그날 이후 지오바니는 또다시 납치될까 두려운 나머지 극심한 탈모증에 걸렸고, 더 이상 밭에도 나가지 못하게 됐다.

비슷한 사례는 또 있다. 1979년 1월 19일. 브라질의 리오그란데도 노르테에 사는 프란체스코 엔리케 데 소우자는 외계인에게 납치될 뻔했다. 담뱃불을 붙이며 길을 걷던 그는 낯선 비행물체가 순식간에 자신의 머리위로 날아오는 것을 목격했다. 비행물체의 높이는 6~7미터 정도였으며, 지름은 3~4미터 정도였다. 그 안에는 두 명의 외계인이 타고 있었다.

그런데 갑자기 광선이 자신을 향해 발사되자 몸이 점점 뜨거워지면서 공중에 뜨게 됐다. 너무 무서운 나머지 그는 옆에 있던 야자수를 끌어안았고, 그런 상태에서 위와 아래로 다섯 번가량 올라갔다 내려오기를 반복했다. 소우자는 뜨거운 기름도 뒤집어썼다고 증언했다. 뜨거운 기름이 몸 위에 쏟아졌을 때는 극심한 통증에 휩싸였지만 그럼에도 야자수를 꼭 끌어안고 있었다고 한다. 얼마 지나지 않아 비행물체는 번개가 치는 모습으로 더 높은 하늘로 날아갔으며, 이후 화상에 의한 흉터가 생겼다는 게 소우자의 증언이다.

이외에도 외계인에게 납치되어 신비한 능력을 부여받았다는 필리핀 사람의 일화가 있고, 소를 납치해 가죽을 벗기고 장기를 제거했다는 주장도 있다. 이 같은 주장은 소의 사체 주변에 핏자국이 전혀 없었다는 점과 소가 반항한 흔적을 찾을 수 없었다는 점에서 상당히 신빙성이 있는 것으로 알려져 있다.

외계인 납치 판별할 체크리스트

UFO 전문가인 데럴 심스는 라디오 쇼 〈코스트 투 코스트 AM〉에 여러 차례 출연했는데, 외계인에 의한 인간 납치와 생체실험 정보를 공개해 화제를 모았다. 그는 지금까지 열 번이나 외계인에게 납치되었다고 주장했다. 얼핏 터무니없는 말로 들릴 수 있지만 그의 경력을 보면 그렇지도 않다. 그는 미 육군에서 3년간 헌병장교로 복무했으며, 주한미군 수사관으로 한국에도 1년 동안 머물렀다. 베트남 전쟁에서는 중앙정보국CIA 요원으로 2년을 근무했다. 이밖에 두 명의 CIA 국장을 경호하고, 부통령을 수행한 경력도 있다.

그가 외계인에 의한 인간 납치에 관심을 갖기 시작한 것은 CIA 근무 시절부터였다. 그는 CIA 내부에 은폐된 다수의 외계인 정보를 발견하면서부터 진상파악에 나서게 되었다고 라디오 인터뷰를 통해 밝혔다. 이와 함께 국가안정보장 선서와 국가기밀 준수 서약에 위배되지 않는 범위 내에서 정보를 공개하겠다고 덧붙였다. 그는 여러 건의 외계인 납치 사건을 분석하면서 몇 가지 공통된 사실을 발견하고, 외계인 납치 유무를 판별할 수 있는 여섯 가지 체크리스트를 만들었다. 그는 이 가운데 하나라도 해당된다면 외계인에 의한 납치를 의심해야 한다고 말한다.

첫번째는 원인을 알 수 없는 멍이나 화상자국, 그리고 긁힌 흔적이 있는지 살펴보는 것이다. 자신도 모르는 심한 상처가 있다면 이는 외계인에게 납치되었을 가능성이 높다는 것이다. 두번째는 손과 발톱 밑에 오물이나 진흙이 껴 있는지 살펴보는 것이다. 깨끗이 씻고 잠을 잤음에도 불구하고 손톱 밑이 더럽다면 밤 사이 밖으로 끌려나갔을 가능성을 배제할 수 없다는 것이다. 여기에는 잠에서 깨어났을 때 나뭇잎이 붙어 있는지의 여부, 그리고 몸에서 살점이 떨어져나가 있는지 여부도 포함된다. 세번째는 정체를 알 수 없는 옷이나 보석을 착용했는지를 확인하는 것이다. 자신의 것이 아닌 물건을 몸에 지니고 있다는 것은 외계인의 표식으로 해석할 수 있다. 옷을 뒤집어 입었거나 더러워진 곳이 있는지 여부도 체크해야 한다.

네번째는 방안에 나뭇잎이나 씨앗 등이 있는지 살펴보는 것이다. 외계인이 날아왔든 아니면 걸어 들어왔든 간에 외부 침입 흔적은 방안에 남기 마련이다. 다섯번째는 몸 안에 방사능 물질이나 금속물질이 삽입되었는지를 확인하는 것이다. 육안으로 구분이 힘들다면 엑스레이 등을 이용해 검사해야 한다. 마지막 여섯번째는 내용이 비슷하거나 같은 배경이 반복되는 꿈을 매일 꾼다면 외계인에게 납치되었을 가능성이 높다. 일반적으로 똑같은 자극이라도 사람이 받아들이는 정도는 다르다. 그리고 매일 받는 자극의 종류도 다르다. 따라서 같은 내용의 꿈이 매일 반복되는 것은 발생하기 어려운 일이다. 매일 같은 꿈을 꾼다는 것은 외계인에게 세뇌되었거나 납치의 정신적 외상으로 볼 수 있다는 게 심스의 주장이다.

지오바니와 소우자의 사례를 이 체크리스트에 대입해 보면 어떻게 될까. 지오바니의 사례는 그가 사라진 뒤 많은 비가 왔지만 젖은 흔적이 전혀 없었다는 점, 그리고 예리한 도구에 의한 상처가 있었다는 점에서 외계인에게 납치되었을 가능성이 있다. 소우자의 경우에도 외계인이 쏜 광선과 이물질에 의한 화상 흔적이 있다는 점에서 외계인 납치 가능성에 무게를 실을 수 있다.

외계인 납치는 일종의 환각증상

하지만 과학자들은 이 같은 경험 사례를 정면으로 반박한다. 대부분의 외계인 납치 경험은 일종의 수면마비 현상에 불과하다는 것이다. 수면마비를 다른 말로 하면 가위눌림 상태다. 가위에 눌린다는 것은 꿈을 꾸고 있는 것인지 현실인지 제대로 구분이 되지 않는 상태에서 이상한 목소리가 들린다거나 심한 육체적 압박감을 느끼고, 괴상한 형체가 보이는 등 여러 가지 이상 현상이 동반되는 것을 말한다. 이 경우 대부분은 식은땀을 흘리며 극심한 공포감에 빠진다. 이를 과학적으로 보면 렘REM: Rapideye-movement 수면단계와 각성이 겹쳐진 결과로 해석 가능하다. 한마디로 얕은 잠을 잔 상태에서 악몽에 의한 공포감이 더해진 결과라고 할 수 있다는 것이다.

그런데 일부 사람들은 이러한 경험을 귀신을 보거나 외계인에게 납치되었다고 여기게 된다. 기괴한 경험을 논리적으로 설명하려는 욕구에서 나온 행동이라는 분석도 있다. 미국 횡단 경주 참가자인 마이클 셔너는 83시간 동안 쉬지 않고 1300마일을 자전거로 횡단했다. 그리고는 외계인을 만났다고 주장했다. 하지만 의사들은 부족한 잠과 육체의 극심한 피로가 겹친 탓에 환각증상에 빠진 것이라고 설명한다. 한마디로 견디기 힘든 외부 자극이 환각증상에 빠지는 데 커다란 영향을 준다는 것이다.

꿈을 현실로 느끼는 현상을 제대로 분석하려면 수면의 단계를 알아야 한다. 일반적으로 말하는 수면은 신체와 의식이 완전히 잠든 상태다. 하지만 사람은 항상 완전한 수면상태에 빠지는 것이 아니라 여러 단계를 거치기 때문에 잠을 잔다고 해서 모두 수면상태에 빠졌다고 할 수는 없다. 의식과 신체가 함께 수면을 취한 상태를 보통 비렘non-REM 수면단계라고 하는데, 이는 육체적 피로를 푸는 상태다. 반면 의식 일부가 깨어 있는 상태의 경우는 눈동자가 마구 움직인다. 이를 렘 수면단계라고 한다. 정상적인 사람은 이 단계에서 몸까지 움직이지 않는다. 꿈에서 소변이 마렵다고 잠을 자면서 소변을 보지 않는 것처럼 말이다. 하지만 일부는 꿈을 꾸면서 몸이 함께 움직이는 경우가 있다. 흔히 말하는 몽유병이다.

일반 사람들은 수면이 끝나기 전에 꿈이 정리된다. 그래서 잠에서 깨어난 후 꿈을 꿨지만 그 내용을 떠올리기 어려운 것이다. 반대로 꿈을 꾸는 도중에 잠이 깨면 꿈을 생생히 떠올릴 수 있다. 이 경우 수면으로 인한 휴식효과가 줄어들어 몸에 과부하가 걸린다. 과부하를 풀기 위해서는 꿈을 완결해야 한다. 실제로 수면 중인 사람들이 꿈을 꾸는 단계에 들어갔을 때 잠을 방해하자 이후의 수면시간에 꿈을 꾸는 시간이 늘어나는 결과를 보였다. 완료되지 않은 꿈이 계속 진행되는 것이다. 이 상태로 계속 꿈을 못 꾸게 하면 잠을 자지 않는 낮에도 꿈을 꾸게 된다. 이것이 바로 환각증상이다.

꿈을 방해하는 것은 꼭 과학자나 의사만 가능한 것이 아니다. 술을 마시거나 수면제를 먹고 자면 꿈을 적게 꾸거나 꾸지 않게 된다. 힘든 일을 한 후나 잠이 부족한 경우에도 꿈을 꾸는 시간이 줄어든다. 꿈을 방해받는 셈이다. 이런 경우가 반복되면 수면의 흐름이 깨져 심하면 잠에서 깨는 순간에도 꿈을 꾸게 된다. 꿈인지 생시인지 분간되지 않는 상태가 되는 것이다.

환각증상에 의한 가설의 한계

외계인에게 납치되었다고 주장하는 사람들은 외계인을 직접 마주한 것보다 확실한 증거는 없다고 말한다. 외계인 납치 관련 웹사이트를 보면 최소 100만~1000만 건에 이르는 다양한 사례가 정리되어 있는데, 만일 외계인 납치가 거짓이라면 이 많은 사례들은 누가, 그리고 어떻게 만든 것일까.

한마디로 수없이 많고 다양한 사례를 단순히 수면마비에 의한 환각증상으로만 설명하기에는 설득력이 떨어진다는 얘기다. 이에 따라 확실한 증거가 없는 한 외계인에 의한 인간 납치는 영원한 미스터리로 남을 공산이 크다.

허리케인,
과연 없앨 수 있을까?

마이크로소프트 창립자이자 전 최고경영자인 빌 게이츠Bill Gates가 최근 기발한 아이디어를 내놓아 화제를 모으고 있다. 바로 인공적인 수단으로 허리케인을 없애겠다는 것이다. 허리케인은 대서양 서부에서 발생하는 열대저기압으로 아시아의 태풍, 인도양의 사이클론 같은 폭풍의 일종이다. 연평균 약 열 개 정도가 출현하는 허리케인은 매년 8~10월 사이에 발생하며 풍속은 초속 34미터 이상이다.

허리케인은 태풍보다 규모가 작지만 큰 것은 태풍에 필적하는 위력을 갖는다. 그중에서도 2005년 8월 23일 발생해 8월 30일 소멸한 카트리나는 최대 순간풍속이 초속 78미터에 달하는 5급 허리케인으로 미국 남동부에 막대한 피해를 냈다. 허리케인은 급이 높을수록 강력한데, 카트리나는 사망 1836명, 실종 705명, 재산피해 812억 달러라는 엄청난 손실을 기록했다. 이 때문에 허리케인의 피해를 조금이라도 줄여보기 위한 시도가 이어지고 있는데, 빌 게이츠의 아이디어 역시 같은 연장선상에 있다.

빌 게이츠의 아이디어

2005년 8월 23일 발생해 8월 30일 소멸한 카트리나는 최대 순간풍속이 초속 78미터의 허리케인으로 사망 1836명, 실종 705명, 재산피해 812억 달러라는 엄청난 손실을 기록하며 미국 남동부에 막대한 피해를 입혔다.

허리케인을 없애겠다는 빌 게이츠의 아이디어를 이해하려면 무엇보다 허리케인을 비롯한 열대저기압의 발생 원리부터 알아야 한다. 열대저기압은 무풍대無風帶가 있는 적도를 제외한 남위, 북위 5도 이상의 열대해상에서 해면의 온도가 섭씨 26~27도 이상일 때 발생한다. 이때 해수면 근처의 공기가 데워져 많은 수증기를 머금게 되고, 이 수증기의 잠열潛熱로 상승기류가 발생하면서 구름이 생성된다. 잠열이란 증발과 응결에 의해 발생하는 열로 물이 수면으로부터 증발할 때 열에너지가 수증기 속으로 들어가거나 수증기가 물방울로 맺힐 때 나타난다. 일명 숨어 있는 열이라고도 한다.

구름이 생성되어 비가 오기 시작하면 해수면 공기가 상승한 부분을 메우기 위해 주변 공기가 이곳으로 모이게 되고, 이 공기는 지구 자전의 영향으로 시계 반대방향으로 회전하게 된다. 그리고 이 공기가 상승해 다시 바깥쪽으로 흘러나가는데, 그 양이 들어오는 공기의 양보다 많아지면 중심부는 공기가 희박해져 강한 열대저기압이 되는 것이다. 한마디로 허리케인을 비롯한 열대저기압의 발생 원인은 높은 수온으로 더워진 바다의 공기 때문이라고 할 수 있다.

　　그렇다면 열대저기압이 발생하는 해역의 수온을 인공적으로 낮추면 허리케인의 발생을 원천적으로 차단할 수 있지 않을까. 누구나 한번쯤 떠올려 봄직한 생각인데, 빌 게이츠 역시 여기에 착안했다. 빌 게이츠가 다

폴 앨런(Paul Allen)과 함께 세계적인 기업 마이크로소프트를 설립한 빌 게이츠

른 13명의 동료와 함께 2008년 1월 3일 미국 특허청에 특허를 출원한 허리케인 예방 메커니즘은 이렇다. 우선 선단을 허리케인 발생 해역으로 보내 이 선단에 실린 해수 혼합장비로 온도가 낮은 심해의 물을 해수면으로 끌어 올린다. 이렇게 하면 해수면의 온도를 낮추고, 이를 통해 열대저기압 발생을 원천봉쇄할 수 있다는 것이다.

　　일반적으로 해수를 온도로 구분하면 크게 세 개의 층으로 나뉜다. 해수면에 가까운 쪽부터 혼합층, 수온약층, 그리고 심해층이 그것이다. 이 가운데 혼합층은 햇빛과 바다 위에 있는 기온의 영향을 직접적으로 받기 때문에 온도가 가장 높다. 반면 심해층은 외부의 영향을 거의 받지 않는 깊은 물속이어서 온도가 항상 일정하다. 보통 심해층의 물은 위도나 기후에 상관없이 섭씨 4도 정도를 유지하고 있다. 그리고 이 둘 사이에 낀 수온약층에서는 깊이에 따라 수온이 크게 변한다. 하지만 수온약층은 일종의 단열재 구실을 하기 때문에 심해층과 혼합층 사이의 온도교환과 물질교환은 거의 일어나지 않는다. 빌 게이츠는 바로 심해층의 물을 끌어와서 해수면의 온도를 낮추고, 이를 통해 허리케인 발생을 막겠다는 것이다.

실패한 과거의 사례

빌 게이츠 이전에도 발생을 막거나 방향을 바꾸는 등 허리케인 자체에

인위적인 통제를 가하려는 시도가 여러 차례 있었다. 스톰퓨리 프로젝트 Project Stormfury가 대표적인 사례다. 1962년부터 1983년까지 미국 정부에 의해 실시된 스톰퓨리 프로젝트의 골자는 허리케인이 발생하면 항공기로 요오드화은을 뿌려 힘을 약화시킨다는 것이다. 이는 인공강우 방식을 응용한 것인데, 요오드화은은 노란색의 작은 분말 결정으로 감광성이 크고 자외선에 예민하게 반응한다.

메커니즘은 이렇다. 우선 허리케인의 눈 주변에 있는 구름 방벽, 즉 난층운에 인공강우의 응결핵으로 쓰이는 요오드화은을 뿌리면 이것이 대기 중의 수분을 응결시켜 주변에 새로운 난층운을 형성한다. 이 과정에서 허리케인의 에너지원인 잠열이 그만큼 줄어들고 허리케인의 눈은 넓어진다. 그러면 허리케인의 회전속도가 줄어들어 세기 역시 약화된다는 것이다. 실제로 미국 정부는 여러 차례 허리케인 주변에 요오드화은을 살포했다. 하지만 결과는 실망스러운 것이었다. 무엇보다 허리케인에는 굳이 요오드화은을 뿌리지 않아도 이미 구름을 만들기에 충분한 얼음 결정이 있다. 이 때문에 요오드화은을 뿌린 허리케인이나 그렇지 않은 허리케인이나 결과는 큰 차이가 없었던 것이다. 이 프로젝트는 막대한 예산을 투입한 끝에 1983년 중지되었지만, 그 이후로도 허리케인을 잠재워 보겠다고 덤벼든 사람들은 많이 있었다.

1998년 미국의 물리학자 버나드 이스트런드는 우주태양광 발전 기술을 이용하면 허리케인이나 토네이도 같은 대형 기상현상을 길들일 수 있다고 주장했다. 우주태양광 발전이란 태양전지를 장착한 인공위성에서 전기를 생산하고, 이 같은 전기를 마이크로파로 변환시켜 지상으로 쏘아주는 것을 말한다. 그렇게 하면 지구에서 필요로 하는 전기를 얻을 수 있다. 이스트런드는 이 기술을 변형시켜 마이크로파를 허리케인이나 토네이도의 특정 부분에 쏘아 열을 가하면 허리케인이나 토네이도가 커지는 것을 막을 수 있다고 보았다. 이를 구체적으로 보면 이렇다.

허리케인은 따뜻하고 습기가 많은 상승기류가 상공에 있는 차가운 공기층을 뚫고 올라가면서 시작된다. 상승한 공기는 주변 기온에 의해 점차 냉각되고 무거워지면서 일부는 주변부로 퍼져나가고, 일부는 허리케인의 눈 쪽으로 하강하게 된다. 과학자들은 이때 생기는 하강기류를 허리케인 생성과 유지에 필수불가결한 에너지 흐름으로 보고 있다. 이스트런드는 마이크로파를 허리케인 눈 주변의 하강기류에 쏘아주면 차가운 하강기류를 가열하여 더 이상 하강하지 못하게 할 수 있다고 말한다. 그리고 이처럼 허리케인의 에너지 흐름을 차단하면 새로운 상승기류의 유입을 방해하여 허리케인을 약화시킬 수 있다고 보는 것이다. 하지만 우주태양광 발전기술이 실용화되려면 아직도 20년은 더 있어야 한다.

2005년에는 MIT의 과학자 모시 알라마로가 새로운 방법을 제안했다. 그의 방법은 수십 개의 제트엔진으로 허리케인이 다가올 바다에 소형 열대저기압을 여러 개 만들어내자는 것이다. 소형 열대저기압이 만들어지면 열을 빼앗긴 해수면은 식게 되고, 그곳으로 다가온 허리케인은 열을 공급받지 못해 위력이 약해진다는 것이다. 하지만 이 방법으로 허리케인에 영향을 줄 만큼 많은 양의 열을 빼앗을 수 있을지는 의문이다.

2009년에는 애크런대학의 유체역학 공학자인 아카디 레오노프가 허리케인이 부는 반대 방향으로 제트전투기를 초음속으로 비행시켜 소닉 붐sonic boom을 일으킴으로써 허리케인의 풍속을 약화시키자는 아이디어를 내놓았다. 하지만 이 방식은 항공기가 초속 수십 미터로 부는 강풍 속에서 견뎌내는 것은 둘째치고라도 과연 허리케인을 약화시킬 만큼 충분한 소닉 붐을 발생시킬 수 있을지 의문이라는 지적을 받고 있다.

허리케인을 막기 위해 등장한 아이디어 가운데는 만화에나 나옴 직한 것도 여러 가지 있다. 대표적인 것이 바다에 생선 기름을 뿌리면 허리케인의 형성을 줄일 수 있다는 아이디어다. 생선 기름막이 수증기의 증발을 막아 허리케인이 커지는 것을 막을 수 있다는 얘기다. 이는 예전부터 선원들이 폭풍을 잠재우기 위해 바다에 기름을 쏟아부었던 것에서 비롯된 생각인데, 정말 만화 같은 얘기가 아닐 수 없다. 심지어 거대한 풍차를 세워 프로펠러에서 나오는 바람으로 허리케인을 약화시키자는 주장도 있었다.

순기능도 많은 허리케인

빌 게이츠가 내놓은 아이디어를 포함해 이런저런 허리케인 예방대책을 뜯어보면 뭔가 중요한 것을 잊고 있다는 느낌을 지울 수 없다. 우선 허리케인을 비롯한 열대저기압은 인간에게 끼치는 피해만큼이나 순기능도 많다. 실제 열대저기압은 지구의 저위도 지방에 몰려 있던 열에너지를 흡수해 고위도 지방으로 분산시킴으로써 지구 전체의 에너지 균형을 유지하는 데 기여하고 있다. 과거 공룡시대의 지구는 지금보다도 더 더웠다. 현재 나타난 화석을 가지고 기후 모델을 작성해 보면 지구의 적도 부근은 연평균 기온이 무려 섭씨 40~50도가 넘는 엄청나게 뜨거운 지역이었다. 그럼에도 불구하고 이들 지역에서 생물이 살 수 있었던 것은 현재보다

★ 소닉 붐 Sonic boom

음속폭음(音速爆音)이라고도 하는데, 보통 항공기의 초음속 비행에서 발생하는 폭발음을 의미한다. 소닉붐은 큰 에너지를 발생시키며 폭발음처럼 들린다. 비행기가 초음속으로 날면, 물 위를 달리는 배의 뱃머리에서 V자형의 파도가 일어나듯이 기체의 앞머리와 꼬리끝에서 충격파라는 파도가 생긴다. 이 충격파가 지면에 부딪치면 압력 상승이 일어나서 쾅하는 소리가 들린다. 심할 때에는 폭풍으로 집의 유리창이 깨지는 수도 있다. 비행기가 높이 날수록 기체에서 생겨난 충격파는 지면에 이르는 동안에 세력이 약해진다.

열대저기압이 훨씬 강하고 빈번하게 발생해 더운 지역에 넘쳐나는 열에 너지를 다른 곳으로 분산시켰기 때문이다.

실제로 퍼듀대학의 매튜 후버Mathew Huber 연구팀은 열대저기압이 지나간 해수의 상태를 연구한 결과, 열대저기압이 바닷속을 뒤집어놓아 열기를 바닷속으로 빼낸다는 사실을 밝혀냈다. 그리고 이 열기는 해류를 통해 북극 등 다른 곳으로 분산되는 것도 알아냈다. 특히 이 과정에서 바닷속의 먹이사슬 균형도 맞춰졌다. 열대저기압이 지나간 곳에서는 깊은 수심에 살던 플랑크톤이 얕은 수심으로 올라오게 되는데, 이를 통해 적조 등 해수면의 부영양화로 인해 발생하는 여러 가지 해양생태계 문제들이 상당부분 해결되는 효과를 보았다는 것이다.

하지만 무엇보다 인간에게 유익한 효과는 열대저기압이야말로 풍부한 민물자원의 공급처라는 사실이다. 열대저기압은 인간이 값비싼 담수화 설비를 갖고 간신히 해내는 바닷물의 담수화 작업을 공짜로 해준 뒤 지상에 무료배달까지 해주는 고마운 존재다. 아이러니하게도 인간이 사용하는 민물의 70퍼센트는 장마와 집중호우, 그리고 열대저기압을 통해 얻는 것이다. 결국 열대저기압은 지구의 냉각기 겸 정수기 역할을 해주고 있으며, 그로 인해 잃는 것보다는 얻는 것이 더 큰 셈이다.

빌 게이츠가 아닌 누군가가 미지의 신기술을 사용해 열대저기압을 완전히 사라지게 한다고 가정해 보자. 그렇게 되면 열대저기압이 불어오지 않는 대신 마실 물도 사라질 것이고, 열대지방의 평균 기온은 더욱 올라가 사람은 물론 동식물들도 살아가기 힘들게 될 것이다. 너무나 더워진 바다에 적조현상이 발생해 바닷속 생태계가 만신창이가 될 것은 말할 것도 없다. 그런 상황으로 인해 발생하는 피해는 열대저기압으로 인한 피해와는 비교도 할 수 없을 만큼 혹독할 것이다. 사실 심해수를 끌어와 해수면의 수온을 낮추겠다는 빌 게이츠의 방식은 실현 가능성은 차치하고라도 여러 가지 문제를 안고 있다. 무엇보다 혼합층과 심해층 간의 교류가 생기면 생태 균형 및 열에너지 균형이 깨질 우려가 있다.

또한 허리케인이 발생할 지역의 수온을 충분히 낮출 정도로 많은 심해수를 끌어오려면 엄청난 에너지가 소모될 것이다. 열대저기압의 에너지는 나가사키 원폭의 적어도 1만 배가 넘는데, 그것을 막을 에너지를 어디에서 끌어올 것인가. 또한 에너지 사용 과정에서 일어나는 이산화탄소 배출 등의 환경문제는 어떻게 처리할 것인가. 미국 정부가 스톰퓨리 프로젝트를 접은 것은 비효율성도 문제였지만 결국 이 같은 현실적인 문제도 있었기 때문이다.

하지만 진짜 문제는 열대저기압이 아닌 다른 곳에 있을지도 모른다. 과도한 화석연료 사용으로 인한 이산화탄소 배출로 지구의 온도가 높아지고, 이것이 열대저기압의 생성을 활성화시킨다는 점에서 인간이야말로 이 같은 문제의 주범일 수 있다. 심해수를 퍼와 허리케인을 막는다는 생각을 하기보다는 허리케인으로 인해 발생되는 피해를 줄이고, 더 나아가 지구온난화를 막는 데 자금과 인력을 사용하는 것이 더욱 현실적인 선택일 수 있다.

극한 환경에서도 살아남는 비소박테리아

2010년 12월 2일 NASA 우주생물학연구소와 애리조나주립대학 연구진은 비소 농도가 매우 높은 캘리포니아 동부 모노 호수의 침전물 속에서 비소를 기반으로 살아가는 신종 박테리아를 발견하여 배양에 성공했다고 발표했다. 이 박테리아를 추출해 인 대신 비소를 넣고 배양한 결과 무사히 살아 성장했다는 것이다. 이 신기한 박테리아에 NASA는 GFAJ-1이란 이름을 붙였다.

GFAJ-1의 존재는 생명체에 대한 지금까지의 이론을 모두 뒤집는 대단히 혁명적인 사건이다. 누구도 의심치 않았던 생명체의 6대 필수원소가 다른 것도 아닌 독성물질에 의해 완전히 대체될 수 있다는 점에서 그렇다. NASA는 생명체의 생존을 위해 필요한 요소들에 대한 전통적인 개념을 허무는 것이라며 우주에 인간과는 전혀 다른 새로운 생명체가 존재할 수 있는 가능성을 시사한다고 밝혔다. 초기만 해도 이를 지켜본 학계의 반응은 뜨거웠다. 생명체의 구성 법칙을 재정립해야 할 만큼 획

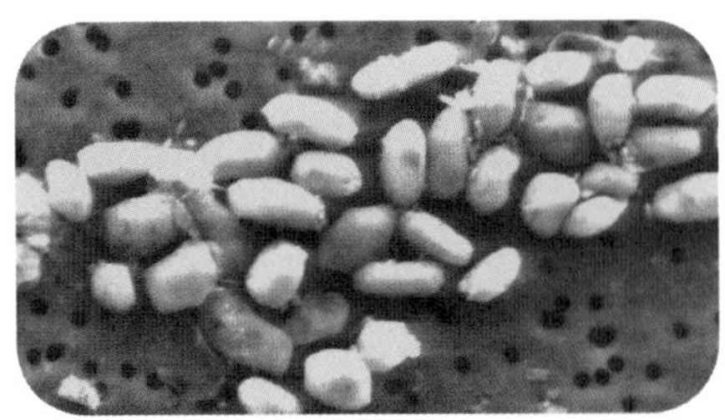

비소가 많은 환경에서 살 수 있는 극한 미생물 GFAJ-1 박테리아. NASA의 우주생물학자 펠리사 울프-사이먼 박사의 연구팀이 캘리포니아 주 동쪽의 고염 알칼리성 호수 모노 호에서 분리하여 2010년 《사이언스》에 발표하면서 과학계에 보고되었다.

기적인 발견이라는 평가가 잇따랐다. 하지만 시간이 지나면서 다소 상황이 달라졌다. 연구의 가치는 인정하면서도 한편으로는 고개를 갸웃거리고 있는 것이다. NASA의 연구는 인이 비소로 대체될 가능성이 있음을 제시하는 것일 뿐 비소가 인을 대신해 생명체를 지탱하고 있다는 직접적 증거는 아니라는 이유에서다. 때문에 이들은 GFAJ-1을 비소 생명체라고 규정하는 것은 성급한 일이며 연구결과를 과장하는 것이라고 주장한다.

독극물로 생명 유지?

지구상의 모든 생명체는 산소O, 탄소C, 수소H, 질소N, 인P, 황S이라는 6대 원소를 기반으로 생명을 유지한다. 그중 산소, 탄소, 수소, 질소는 생명체의 대부분을 차지하는 원소다. 사람의 경우 몸의 96퍼센트가 이 네 가지 원소로 이뤄져 있으며, 이들은 단백질, 당, 지질과 같은 세포 구성 물질의 주요한 성분이기도 하다. 인과 황 또한 단백질 합성과 에너지 대사 등의 부분에서 핵심 역할을 담당한다. 특히 인은 생명체에 유전자적 명령을 수행하는 핵산(DNA, RNA) 사슬의 골격을 형성하고, 성장에 필요한 에너지 대사에 필수적인 아데노신 3 인산(ATP)의 근간이 된다. 세포막을 이루는 인지질의 주성분이기도 한 인은 한마디로 살아 있는 모든 생명체의 필수 요소라 할 수 있다.

하지만 NASA에 따르면 GFAJ-1은 인이 하고 있는 모든 역할을 비소가 대신 수행한다. GFAJ-1의 단백질, 지질, 핵산 등에서 비소가 포착됐다는 게 NASA가 내민 증거다. 생명체의 핵이라 할 수 있는 DNA는 인당 염기로 이뤄진 것이 상례인데 GFAJ-1의 DNA에서는 비소 성분이 검출됐다는 것이다.

이에 대한 학계의 반응은 대체로 매우 놀랍다는 입장이다. 한양대 생명과학과 한명수 교수는 "32억 년 전 출현한 박테리아에서 지금의 사람에 이르기까지 공통적으로 지닌 시스템을 완전히 배반한 결과이며 생명체 구성 법칙에 관한 기존 개념을 허무는 것"이라고 말했다. 동국대 미생물학연구소 서태근 교수도 지금까지는 볼 수 없었던 전혀 새로운 바다 생명체를 발견했다는 점에서 실로 획기적인 일이라고 밝혔다.

그렇다면 이것이 어떻게 가능할 수 있었을까. 사실 1~8족으로 나뉜 원소 주기율표에서 비소는 인과 같은 5족에 속한다. 두 원소의 화학적 특성이 비교적 유사하다는 의미다. 서태근 교수는 "이는 비소가 인의 성질을 어느 정도 대체할 수 있음을 말한다."고 설명했다. 하지만 바로 여기서 첫번째 의문이 제기된다. 독극물인 비소가 어떤 방식으로 인과 같은 역할을 할 수 있는지의 부분이다. 아무리 화학적 특성이 유사하다고 해도 비소는 생명체에 해로운 물질로 인식되어 있으며, 심지어 국제암연구소는 발암물질로 규정하고 있기까지 하다. 이런 의문은 일반인만이 아니라 학계에서도 나오고 있는데, 비소는 독성이 워낙 강해 ATP 생성과정에서 인의 역할을 하기에는 무리라는 것이다.

비소는 꿩 대신 닭

결국 GFAJ-1은 비소의 독성을 차단할 수 있는 메커니즘을 갖고 있어야 한다. 하지만 NASA는 독성 차단 메커니즘에 대한 언급은 없이 비소가 GFAJ-1의 구성요소라고만 밝히고 있다. 서태근 교수는 이와 관련하여

"비소가 인을 대체하는 게 가능하더라도 이론적으로 볼 때 독성 때문에 생명체에는 이득이 될 부분이 없을 것"이라는 의견을 피력했다. 한마디로 이러한 생명체는 불량 자재로 지은 빌딩에 불과할 수 있다는 뜻이다. 서태근 교수는 또 인과 비소의 화학적 특성은 유사한 것일 뿐 완벽히 일치하는 것은 아니므로 100퍼센트 대체는 어려우며 대략 70~80퍼센트 정도의 역할만 해낼 수 있을 것으로 추정했다. 이외에도 전문가들은 비소가 인에 비해 체내의 여러 성분과 화학반응을 일으키는 반응성이 강해 불안정하다는 점, 비소의 크기가 인보다 커서 적절한 대체가 이뤄지기 힘들다는 점 등도 의문으로 제기하고 있다.

특히 GFAJ-1은 원래부터 인 대신 비소를 사용하는 박테리아가 아니다. 다른 생명체처럼 인으로 생명활동을 하고 있던 것을 인이 없고 비소가 풍부한 환경을 인위적으로 조성하여 배양한 것이다. 때문에 GFAJ-1의 단백질, 지질, 핵산 등에서 비소가 포착되기는 했지만 소량의 인은 여전히 남아 있었다.

이 모든 점을 고려하면 GFA-1의 비소 사용은 환경에 적응한 결과라는 해석이 가능하다. 서태근 교수는 "GFAJ-1은 인이 있을 때는 인을 쓰고, 비소만 있을 때는 '꿩 대신 닭'으로 비소를 쓰는 것으로 볼 수 있다."며 "일부 극한 미생물들과 마찬가지로 극한의 환경에 적응해 살아남은 사례일 수 있다."고 강조했다. 어쩔 수 없이 비소를 이용하기는 했지만 기본 베이스는 어디까지나 인이라는 얘기다.

이것이 NASA의 발견에 대한 두번째 의문이다. 서태근 교수는 "100퍼센트 비소를 이용했다면 사람과는 애초에 조상이 다른 생명체라고 판단할 수 있겠지만 지금으로서는 단지 매우 희귀한 종류의 극한 미생물로 보는 편이 타당하다."고 덧붙였다.

하지만 이러한 의문들에도 불구하고 NASA는 이미 GFAJ-1을 비소를 기반으로 한 새로운 생명체라고 못 박았다. NASA의 주장이 사실이라면 GFAJ-1 같은 비소 생명체의 기원을 어떻게 이해해야 할까. 이에 대해 한명수 교수는 서태근 교수의 설명 외에 몇 가지 가능성을 추가로 제시했다. 기존 생명체와는 조상이 다른 전혀 새로운 생명체, 조상은 같지만 기존 생명체와 다른 진화의 길을 걸어온 생명체, 진화가 이뤄지지 않고 고대의 모습 그대로 살아온 생명체, 그리고 역逆 진화한 생명체가 그것이다. 현재 GFAJ-1의 실체는 이처럼 여러 가능성을 내포하고 있으며 현 단계에서는 어느 것도 확신하기가 힘들다.

극한 미생물의 일종

이 가운데 가장 많은 지지를 받고 있는 것은 극한 미생물로 보는 견해이다. 극한 미생물은 상식적으로 도저히 생명체가 존재할 수 없는 극한 환경, 즉 온천이나 화산, 해저 열수구나 남북극 등에서 살고 있는 미생물을 말한다. 이들 극한 미생물의 효소는 일반 생물의 효소와 달리 강산, 강알칼리, 고온, 고압, 고염도 등 극한 상황에서도 구조가 파괴되지 않는 특성을 지니고 있다.

지금까지 확인된 극한 미생물만 해도 기상천외한 것들이 많다. 섭씨 120도 이상의 끓는 물이나 염도 50퍼어밀(‰)의 짠물에서 살아가는 생명체도 있다. 2003년에는 한국생명공학연구원 연구팀에 의해 대전 인근의 석면광산에서 양잿물에 사는 미생물이 발견된 적도 있다. 한명수 교수는 "이들은 '고세균Archaea'으로 분류되는 아주 독특한 박테리아로 넓은 의미에서 GFAJ-1 역시 이 범주에 들어갈 수 있다."고 강조했다.

이 같은 관점에서 생각하면 NASA의 발견은 정말로 부풀려지고 과장된 것일까. 한명수 교수는 "지금까지 각종 극한 미생물이 발견됐지만 GFAJ-1처럼 6대 원소 시스템을 배반하거나 DNA의 구성요소가 다른 경우는 없었다."며 "GFAJ-1이 더없이 특별한 생명체라는 사실은 부인할 수 없다."고 전했다.

이제 필요한 것은 후속 연구다. GFAJ-1 체내에 비소가 쌓인 것에 불과한지, 아니면 NASA가 밝힌 대로 비소가 생명의 지탱에 결정적 역할을 하는지를 명확히 밝혀야 한다. 서태근 교수는 "GFAJ-1에서 비소가 들어 있는 DNA 분자나 ATP 분자, 세포막 분자를 깨서 그 속에 인 대신 비소가 들어 있음을 확인하는 것이 비소 생명체 인증의 관건"이라고 말했다. 나아가 한명수 교수는 비소가 든 DNA가 정상적인 생화학 기능을 수행하는지도 입증해야 할 것이라고 덧붙였다. 그는 "인 대신 비소가 검출된 GFAJ-1의 DNA가 자기복제가 가능하다는 사실을 증명해야 한다."며 "DNA가 자기복제를 위한 유전 정보를 가지고 있지 않다면 정상적인 생명체라고 할 수 없다."고 설명했다.

한명수 교수의 말대로 자기복제 능력은 생명체의 필수 요건이다. 한 개체가 생식을 통해 자손을 만들 경우 자손에게 물려진 DNA는 그 자손의 체내에서 충실한 자기복제를 한다. 이로써 유전형질을 물려받은 새 개체가 탄생하게 되는 것이다. 우리가 바이러스를 생명체로 보지 않는 것

★✿ 고세균 Archaea

1977년 워즈(C. R. Woese)가 정의한 개념으로 단세포로 되어 있는 미생물의 한 종류이다. 핵이 없는 원핵생물에 포함되는 생물군이지만 원핵생물로 분류되는 세균과는 본질적으로 다르다. 고세균과 세균의 가장 큰 차이점은 유전자 및 단백질의 상동성, 세포벽과 세포막의 구성, DNA 복제 및 단백질 합성에서 진핵세포와의 유사성 등이다. 최근에는 극한 환경에서도 살아남는다는 고세균의 특성 때문에 활용 가능성에 초점을 맞춰 다양한 연구들을 진행하고 있다.

도 이 같은 과정이 없기 때문이다.

GFAJ-1을 둘러싼 논란과는 별도로 이번 발견은 생명체의 6대 원소라는 기본 개념을 흔들면서 또 다른 가능성에도 눈을 돌리게 만들고 있다. 비소가 인의 역할을 대신할 수 있다면 다른 6대 원소들도 대체 원소의 존재 개연성을 지니기 때문이다. 이에 대해 학자들은 대체로 가능한 추정이라는 입장이다. 학자들 사이에 대체 가능성이 점쳐지는 원소는 원소 주기율표상 탄소와 같이 4족에 속하는 실리콘, 황과 같은 6족에 속하는 셀레늄 등이다. 비소가 인을 대체한 것과 같은 현상이 앞으로도 발견될 수 있다는 얘기다.

이 시점에서 사고의 공간을 우주로 확장해보자. NASA가 밝혔듯이 GFAJ-1은 그동안 인류가 탐사 대상에서 배제시켰던 우주 공간에 지구 생명체와는 전혀 다른 생존시스템을 지닌 외계 생명체가 있을 수 있음을 알려준다. 이제는 화성 등 몇몇 행성을 넘어 물과 산소가 전혀 없는 환경의 행성에도 생명체가 있을 가능성이 생겼다. 우주에서 생명체를 발견할 수 있는 잠재 후보지가 사실상 무한히 확대된 것이다.

특히 비소의 경우 인과 달리 우주 공간에서 광범위하게 발견되는 원소다. 화성과 토성의 위성인 타이탄의 주요 대기 성분도 비소다. 이에 NASA는 향후 이들 행성을 보다 적극적으로 탐사할 계획을 세운 것으로 알려져 있다.

그런데 이쯤에서 하나의 의문이 생긴다. GFAJ-1은 그저 하나의 박테리아, 즉 미생물에 지나지 않는다. 우리가 궁극적으로 고대하는 지적 능력을 갖춘 외계 생명체는 아니다. 과연 GFAJ-1의 발견이 생명체를 넘어 지적인 외계 생명체의 존재 가능성도 넓혀주는 것일까. 혹은 GFAJ-1이 고등생물로 진화하고 발전할 수 있을까.

이 부분은 학자에 따라 다양한 의견이 있을 수 있다. 서태근 교수는 "물론 개연성은 있지만 지금으로서는 회의적이다. 생화학적·유전적 다양성이 다세포 생물보다 많은 미생물은 다양한 스펙트럼의 환경에서 적응하고 살아갈 수 있다. 그리고 그것이 비소 생명체라는 한 예로 나타날 수도 있다. 하지만 사람과 같은 고등생물은 그 가능성의 폭이 훨씬 좁을 수밖에 없다."고 밝힌다. 즉 비소 박테리아의 발견과 그 같은 생존 메커니즘을 가진 고등생물의 존재 가능성은 전혀 별개의 문제인 것이다.

NASA의 이번 발견은 실로 획기적인 것임에 분명하다. 하지만 이는 아직 걸음마 단계에 머물러 있다. GFAJ-1은 분명히 많은 가능성을 가지고 있지만 이 같은 가능성을 확인하기 위해서는 아직 갈 길이 멀다.

초판 1쇄 2011년 10월 7일   **초판 2쇄** 2011년 11월 7일

편저 파퓰러사이언스

펴낸이 김현중
편집장 옥두석 | **책임편집** 이선미 | **디자인** 권수진 | **관리** 이정미

펴낸곳 (주)양문 | **주소** (132-728) 서울시 도봉구 창동 338 신원리베르텔 902
전화 02.742-2563~2565 | **팩스** 02.742-2566 | **이메일** ymbook@empal.com
출판등록 1996년 8월 17일(제1-1975호)

ⓒ 2011 by 파퓰러사이언스

ISBN 978-89-94025-13-1 03400

잘못된 책은 교환해 드립니다.